思明与海

思明记忆之厦门海洋历史文化丛书

陈耕 著

厦门市思明区文化馆
厦门市闽南文化研究会 编

海峡出版发行集团 | 鹭江出版社
THE STRAITS PUBLISHING & DISTRIBUTING GROUP | LUJIANG PUBLISHING HOUSE

2020年 · 厦门

总 序

2016年受思明区文化馆的委托，厦门市闽南文化研究会配合厦门市非物质文化遗产保护中心、厦港街道等在沙坡尾设计、建设送王船展示馆。展示馆建成后，来参观的人很多，当时文化部非遗司的领导和专家观看后，对于在这样简陋的条件下能有这样的展示很是称赞。思明区文化馆于是进一步和厦门市闽南文化研究会商定共同编撰出版这套“思明记忆之厦门海洋历史文化丛书”，委托我担任这套丛书的主编。厦门市闽南文化研究会于是成立了“厦门海洋文化研究课题组”，成员除几位作者之外，还有海沧区闽南文化研究会的几位年轻人。

2017年，习近平总书记在金砖国家领导人厦门会晤时对厦门文化作了高度的概括，他说，“厦门还是著名的侨乡和闽南文化的发源地，中外文化在这里交融并蓄，造就了它开放包容的性格和海纳百川的气度”。

这段话内涵丰富：厦门在近现代的发展中秉持开放包容、海纳百川的理念，创新、创造了体现中外文化美美与共的新闽南文化，引领了闽南文化在近现代的创新发展，是近现代闽南文化的发源地。

讲厦门离不开闽南，讲闽南也离不开厦门。只有全面深刻了解几千年来闽南人与海洋的关系，及其所构建的闽南海洋文化，才可能真正了解厦门在其中所发挥的作用。不了解闽南，无以解读厦门；当然不了解厦门，也不能全面完整地解读闽南。厦门海洋历史文化，必须从闽南海洋文化说起。

闽南文化区别于其他地域文化最重要的特征就是它的海洋性。把“海”字拆解可知：水是人之母，海洋是生命的摇篮。山海之间的闽南，与海洋结下了不解之缘。不理清闽南海洋文化，就不能真正认识、理解闽南文化。

习近平总书记在致2019中国海洋经济博览会的贺信中指出：海洋对人类社会生存和发展具有重要意义，海洋孕育了生命、联通了世界、促进了发展。

党的十九大报告明确提出：坚持陆海统筹，加快建设海洋强国。

当今世界，海洋占地球面积的71%；世界GDP的80%产生于沿海100公里地带；世界贸易的90%是通过海运实现的。[①] 世界最发达的地区是纽约湾区、旧金山湾区、东京湾区。中国最发达的地区，是珠三角、长三角、环渤海地区。现在中国正在推动粤港澳大湾区建设。

人类向海洋、向港口海湾型城市的集聚和靠拢，已经成为发展趋势。

世界发展的另一个趋势是世界经济重心向亚洲转移。过去500年，经济全球化是以西方为中心的。进入21世纪，以东亚和金砖国家为代表的发展中国家迅猛崛起。

---

①王义桅：《世界是通的——“一带一路”的逻辑》，商务印书馆，2016年版，第5页。

2018年，发展中国家在世界经济中所占的比重已经超过了40%，西方发达国家所占的比重从曾经的将近90%降到60%。世界经济呈现出东西平衡、南北平等的趋势，标志着以西方为中心的经济全球化正在结束，构建人类命运共同体的经济全球化新时代已经开启。

我们必须在这两个世界潮流中，以长时段、全局性、动态性的历史思维来重新认识、重新定位闽南文化。

闽南的历史，可以说就是四个港口的历史。(1) 宋元时期的泉州刺桐港，曾经是世界海洋贸易的中心，创造了许许多多彪炳于世的文化。(2) 明朝时的漳州月港，打破明王朝的海禁，成为中国迎接大航海时期经济全球化第一波浪潮的最大对外贸易港口，创造了克拉克瓷等传播世界的文化精品。(3) 清代以后的厦门港，曾经是闽台对渡的唯一口岸，又是闽南人过台湾、下南洋的出发地和归来港口。厦门工匠还改进福船，创制了同安梭船，并以蔗糖、茶叶、龙眼干等闽南农产品的商品化，推动了海洋文化与农耕文化相融合的闽南海洋文化在清代的发展。鸦片战争以后，厦门学习工业文明，推动了闽南文化的现代化，培育了许多中国近代的杰出人物。(4) 1949年后，由于西方的封锁，香港和台湾在后来的30年里成为中国仅有的对外开放区域，台湾的高雄港一度成为世界第三大的港口，台湾的闽南语流行歌曲、电视歌仔戏、电视布袋戏成为20世纪下半叶闽南文化创新发展的典型。

历史证明，闽南最大的港口在哪儿，哪里就引领闽南文化的创新与发展；闽南的海洋文化是千百年来闽南文化生生不息的重要发展动力，是中国海洋历史文化的杰出代表。

2017年，厦门和漳州的12个港区组成的厦门港，其集装箱吞吐量超过高雄港，成为世界第十四大港口。厦门，又一次成为闽台最大的航运中心。

在世界走向海洋、走向湾区的大趋势中，在港口引领闽南经济社会文化发展的历史经验里，新时代闽南文化研究将何去何从？

为了更美好的明天，我们必须以新视野、新思维、新方法重新认识、重新梳理闽南海洋文化，重新总结闽南海洋文化历史给我们提供的经验、教训和智慧，充分发挥闽南文化的作用，推动构建21世纪海上丝绸之路民心相通的文化平台，推动构建人类命运共同体，促进祖国的和平统一。加强闽南海洋历史文化的研究，意义深远，应当引起更多的重视和关注，应当成为闽南文化研究的重中之重。

一、关于海洋文化

走向海洋，就必须了解海洋，了解海洋文化。但是关于海洋文化，关于中国海洋文化、闽南海洋文化，至今还有许多模糊的看法，影响我们真正地了解海洋文化，了解闽南海洋文化。

人类拥有共同的海洋知识，但世界上没有相同的海洋文化。日本的海洋文化不同于英国的海洋文化，广东的疍民不同于闽南的疍民。但是，究竟不同在哪里？似乎还没有明晰的解读。

在世界文明类型的划分中，以黑格尔的《历史哲学》

观点最为经典，对后世影响最大。

在欧洲横行世界的历史背景下，黑格尔以欧洲为中心，根据世界地理和人类思想本质的差别，将世界文明分成三种类型[①]：一为干燥的高地、草原和平原，以非洲大陆及游牧民族为代表，他们以放牧为业四处迁徙，除了显示出好客和喜好劫掠两个极端性格之外，并无法形成法律和国家，因其野蛮本性而被黑格尔隔绝于文明之外；二为大江大河灌溉的平原流域，以亚洲大陆和农耕民族为代表，他们依靠农业获得四季有序的收获，因土地所有权及各种法律关系而产生国家，并从中孕育了保守的、苟安的、封闭的、忍耐的大陆文明；三为与海相连的海岸地区，以欧洲大陆和海洋民族为代表，他们摆脱陆地的束缚走向海洋，进行征服、掠夺和争逐利润的商业活动，从而养成了冒险的、扩张的、开放的、具有竞争性的性格和相应的海洋文明。

从黑格尔的文明划分中，我们可以明显地感受到当时欧洲人对其海上活动的自我满足及陶醉，一方面从物质行动上加紧对其他文明的掠夺并提升欧洲本土的资本积累和经济发展，另一方面从精神总结上对其行为加以美化和修饰以达到对他人的精神殖民。显然，欧洲人的文化输出是成功的，以至于到了今日，还有不少人仍然认为中华文化就是农耕文化，将黑格尔的以大陆文化（黄色文明）和海洋文化（蓝色文明）来区分东方和西方

---

①刘登翰：《中华文化与闽台社会——闽台文化关系论纲》，福建人民出版社，2002年版，第195页。

文化奉为标准，并依此来审视和定义中华文明。

但是，中国是一个地域广袤、陆海兼备的国度。中华文明是农耕文明、游牧文明和海洋文明三种文明的融合，必须从大陆与海洋两个向度来把握中华文化的生成，才符合历史的真实。

事实上，中华民族走向海洋的历史不比欧洲晚，而且大规模利用海洋、形成独具特色的中华海洋文化比欧洲要早得多。

尽管黑格尔的海洋文化理论在解释人类文明起源和揭示不同文明性质上有着合理的内核，但其片面性和内在的悖论却常为学界所质疑。为了说明海洋对人类（无论是东方还是西方）文化发展的意义，许多学者倾向于从海洋与人类的关系，在本体论的意义上重新定义海洋文化。

海洋文化是人类在特定的时空范畴内，源于海洋而生成的文化。海洋文化的本质就是人与海洋的互动关系。按照马克思关于经济基础决定上层建筑的理论，人们利用海洋的经济方式，人与海洋建立的经济链条、生产方式，产生了人的海洋文化。不同时期、不同地域的人们利用海洋的不同方式构筑的不同经济链条，必然诞生不一样的海洋文化。中国的海洋文化、日本的海洋文化、英国的海洋文化，彼此都是不相同的。可以说人类有共同的海洋知识，但人类创造的海洋文化却是丰富多彩、千差万别的。

世界海洋文化发展历程可以分成三个时期：原始时代、农耕时代、工业时代。

原始时代诞生了对后世影响深远的海洋捕捞和盐业生产。考古学的发现证明，人类早在六七千年前就有了利用海洋生物维生的历史实践，产生了各种捕捞的工具，包括独木舟、木筏，开始原始的航海，并积累了人类对海洋最早的认识，包括海流、潮汐、风信等。其后，又有了海水晒盐的经济活动。盐是人类生存必不可少的物质。盐业专卖从农业社会早期就成为国家财政的重要来源。渔获与海盐的生产和利用延续到农业社会，直至今天。这两种经济方式催生了人类原始海洋文化。

当然这个结论也是要打问号的。

虽然有 1947 年挪威考古学家托尔·海尔达尔木筏横渡太平洋的伟大壮举以及诸多的考古发现，但是在原始社会诞生的独木舟、木筏，究竟如何影响后世的海洋文化？潮汐、季风、海流究竟是在什么时候被人们发现、了解、掌握的？……由于资料的贫乏，我们今天实际上对原始海洋文化还是缺乏深入的了解，还难以展开深入的讨论。

我们更缺乏对原始海洋文化的感恩。我们每天吃着海盐、海味，但很少有人会想到这是原始海洋文化留给我们的恩泽。人类原始海洋文化通过言传身教，延伸到了农业社会，甚至现代的工业社会。它是在人类早期利用海洋的经济基础上形成的海洋文化，既是世界上沿海地区最古老、最普遍的海洋文化，也是人类接触海洋的基本方式，贯穿了人类数千年的历史，并造福于子孙万代。

进入农业社会后，人类除了延续和创新以渔业和盐业为代表的原始海洋文化，还产生了三种新的海洋文化。

其一为在地中海诞生而后横行世界的“空手套白狼式”的掠夺型海洋文化。以西方为代表，通过强权和强大先进的武装掠夺或殖民他者获取物资，再进行以货易货的活动，从而实现自身的财富积累，并将这种血腥、残忍和不公正的海洋经济活动自诩为进取、先进的海洋文化。这种文化的拥有者崇尚丛林原则，不相信、也不理解世界上可以有双赢和多赢。

其二为资源型的海洋文化。以古代日本和当今如马尔代夫（自然风光）、中东等资源输出国为代表，通过海洋输出得天独厚的自然资源和原始产品获得经济社会发展，并因此形成独具特色的资源型海洋文化。

其三，以勤劳智慧创造制成品开展海上公平贸易的海洋文化。以中国为代表，通过百姓的智慧和勤劳的双手创造出农业社会大量优质的商品，诸如丝绸、瓷器、茶叶等等，并依靠繁华的港口、先进的船舶制造技术和远洋航海技术开展公平贸易。在这样的经济活动中产生了富于中国特色的海洋文化。这种文化崇尚的是诚信、公平，双赢、多赢，童叟无欺、薄利多销，有饭大家吃、有钱大家赚。其中尤以闽南的海洋历史文化为代表。这里所说的海洋历史文化，指农业社会的海洋历史文化。

在人类的农业社会，尤其是从唐末到清中叶，中国以农产品和手工制品为支撑的海洋文化彪炳于世，其农产品和手工制品是世界海洋经济最主要的商品。中国的港口、造船、航海技术和贸易额都占据世界最前列。

上述四种原始社会、农业社会的海洋文化依然呈现于当今的世界。中国的海洋文化在进入工业时代以后，经历了被侵略、被蹂躏的过程和学习、追赶的过程。在2010年，中国终于超过了美国，成为当今世界最大的工业制成品制造国。2015年中国的工业制成品的产值相当于美国与日本的总和，2018年相当于美国、日本、德国的总和。2014年中国的商品贸易额超过4万亿美元，成为世界最大的商品贸易国。当今世界10个最大的港口，有7个属于中国。不过，工业时代的海洋文化更加复杂，不在本丛书研究课题的范畴之内。

农业时代这三大类海洋历史文化，还可以有更加细致的分类方法，例如闽南的海洋历史文化和广东的海洋历史文化，它们当然也有差别，但那只是在习俗、服饰、船形等比较小的方面的特色差异。在依靠勤劳智慧创造制成品来开展公平的海洋贸易方面，它们是一致的。

二、闽南海洋历史文化的主要特征

早在原始社会，位于福建沿海的闽越人已经以海为生，创造了闽南原始海洋文化，最典型的就是金门的富国墩遗址。

之后中原人南迁，逐渐与闽越人发生融合，大约在唐末五代至北宋初年的100多年间，诞生了具有中国特色的闽南海洋历史文化。延续近千年的闽南海洋历史文化最大的特色，就是以海上贸易为引领，融合了闽南原始海洋文化和中原的农耕文化。

闽南海洋历史文化之所以能够以勤劳智慧创造出农产品和手工业商品来开展公平的海上贸易，最根本是在于其有着源自中原的深厚的农耕文化的基础，并且创造性地依托海洋开拓商品市场来引领农耕产品的商品化和市场化。

我国中原传统农耕文化的最大特点是自给自足。其生产的产品，主要用于自己消费，而不是用于市场交易。而闽南的农耕文化在海洋、海商的引领下，具有强烈的商品化特点。比如清代的同安农田主要不是用来种植自己吃的水稻，而大多是用来种植卖给糖商的甘蔗。因为一亩地种甘蔗所得，是种水稻的数倍。

历史上同安的每一个村庄至少都会有一个榨蔗制糖的糖廍，收购农民的甘蔗制成蔗糖，然后用同安人创造的“同安梭船”载往东南亚，换取那里的暹罗米、仰光米、安南米。据说最成功的商人一斤糖可以在那里换到十多斤大米。清朝有不少文献记载了皇帝特许南洋的大米可以免税或减税进口到厦门。仔细查阅，发现那些申请免税的进口商，都是华人的名字，其中很多是同安海商。

在厦门海商的引领下，同安平洋地种甘蔗，制糖出口；山坡地种龙眼树，制龙眼干出口；山地种茶树，制茶叶出口。海洋文化引领着农耕文化，引领农产品走向商品化、市场化，创造出更加丰厚的财富。

所以，闽南海洋历史文化中的农耕文化与中原传统的农耕文化是不一样的。它以海商所开拓的海洋贸易市场为引领，以农民辛勤劳动所制造的规模化的商品（不是自给的产品）参与海洋的商业活动，是整个闽南海洋经济链条中一个不可或缺的环节，已经完全融入闽南海洋历史文化之中。这是闽南人、闽南文化在明清时期，特别是清前期一个伟大的创新和开拓，也传承和巩固了闽南海洋历史文化最主要的特色。

因此，在今日重新审视中国海洋文化时，闽南海洋历史文化的发展轨迹和独具的特色便是辨识中国海洋文化的最好依据。

长期以来，闽南人对自己“根在河洛”深信不疑，甚至常常以“唐人”自居，对自己所处的区域统称为“唐山”。这种对中原乃至“唐朝”根深蒂固的偏好，不仅与闽南先人南迁前最深刻的记忆及其形成之初的历史密切相关，更是一种自身文化在迁徙、融合和变迁之后，对祖先文化、中央文化的一种认同。这是汉文化、中华文化一个非常重要的特质。正是这一特质，使得在广袤的中国土地上，东西南北不同区域、不同省份，甚至连方言都相互听不明白的亿万汉人，认同一种汉文化，凝聚成一个民族。进而使56个语言、服饰、习俗都不尽相同的民族融汇成了一个中华民族。

这一方面得益于各民族都参与了大一统中央文化（雅文化）的构建，他们把自己各自不同特色的区域文化、民族文化都融进了大一统文化之中；另一方面源于东西南北中的各族人民对自己区域文化作为汉文化、中华文化的解读有着极大的宽容和认可，甚至是鼓励。

由于历史的局限，过去我们曾经认同中华文化单一起源说，认为四面八方的区域文化都是吮吸着中原母文化的乳汁成长的。但是，现代考古的发现证明，中华文化的起源是多元的。母亲的乳汁，是四面八方的孩子们奉献的三牲五谷、山珍海味共同酿造而成的。中华文化历经多元多次重组，你中有我，我中有你，甚至还有他。我们需要在这样的理解上重新认识中华文化与闽南文化的关系。

三、闽南海洋历史文化的孕育、形成与发展

考古的发现告诉我们，早在中原汉人南迁到达闽南之前，这里已经生活着世世代代以海为田、以舟为马的古百越人。海洋已经成为他们生活的一部分，他们不仅已经拥有成熟的渔业型原始海洋文化，而且已拥有相当高超的航海技术和造船技术。

从西晋永嘉之乱始，饱受战乱的中原人一路辗转南迁，陆陆续续在晋江、九龙江、漳江等闽南母亲河流域定居，并开始与当地闽南古百越的原始海洋文化相融合。融合之后的闽南人开始适应闽南的地理环境，从而有了深入发展的创造性。这种循序渐进的本土化发展历程，既深化了闽南人的海洋性格，又创造产生了融农耕与海洋为一体的闽南海洋历史文化，并使之成为闽南文化最基本的底色和最耀眼的亮点。

闽南海洋历史文化和闽南文化的孕育，或许有时间上的先后，但闽南文化的形成必然是在闽南海洋历史文化形成之时，方才奠下了历史的里程碑。

闽南海洋历史文化的形成发展大致可分为六个时期。

1. 孕育期

从西晋永嘉到唐末，中原南来的汉族和闽南古百越的山畲水疍开始了融合的进程。这两种文化的相遇必然有激烈的碰撞、痛苦的磨合与相互的包容。唐初，陈政、陈元光父子以雷霆手段直捣畲族的中心火田，古稀之年

的魏妈以化怨为和的精神推动了汉畲的融合。但 30 多年后陈元光的死，警醒了唐军。陈元光的子孙从云霄退漳浦，从漳浦迁龙溪，未尝不是在利害得失的权衡之后对畲族的退让。

在晋江流域，汉族与疍民也形成了各自生存的边界，和平相处。泉州士绅赋诗欣赏疍家的海味，当是对疍家生活世界的包容。

到唐代中叶，闽南呈现出山地畲、海边疍，汉人在最肥沃的河流冲积平原的格局，呈现出彼此边界明晰的“和为贵”的包容。包容并不是融合，但在和平的包容中彼此相互认识、了解，进而欣赏，“两情相悦”，这正是融合的开始。

最后“进入洞房”，诞生新的生命、新的文化，必须有一个锣鼓喧天、鞭炮齐鸣的日子。这个日子在唐末藩镇割据、军阀混战和黄巢血洗福建的历史背景下，终于来到了。

2. 形成期

后世尊王审知为开闽王，千年祭祀，这一历史的价值、意义，值得我们今天重新来品味、体会。

唐末安徽军阀王绪率领五千兵马、数万河南固始百姓千里辗转来到同安北辰山。因为饥饿，王绪下令杀死固始的老人而被王潮、王审邽、王审知三兄弟夺权。又因为饥饿，三兄弟夺取泉州，第一次品尝到了闽南的海鲜海味。在经历黄巢起义军的洗劫之后，仅靠泉州的存粮，没有闽南疍家的海鲜，是不可能满足这几万中原兵民的饥肠的。而他们也在品味到海鲜的美味，体会到海鲜蛋白给予他们的力量和智慧的同时，开始产生了对海洋的情感和热爱，以及对疍家所拥有的闽南原始海洋文化的欣赏、羡慕与追求。这是之前几次大规模迁移来的中原移民所没有体会到和产生的情感。

这是饥饿产生的情感。饥饿使这些中原南来的汉人，放下了面对土著居民的高傲和不屑，学会了平等地对待带给自己美味和温饱的疍家。这种“美人之美”推动了双方的“美美与共”，那个“进入洞房”的日子终于来到了。

这数万河南固始百姓心满意足地在闽南安家落户，开始关注闽南原始的海洋文化，并在从唐末到宋初的百年间，把自己从中原带来的农耕文化，包括手工业技艺、造船技术、冶炼金属技艺等等，融入了闽南原始的海洋文化，创造形成了农耕时代的闽南海洋历史文化，也形成了闽南文化最重要的特色。

3. 飞速发展期

两宋时期由于政权对海洋交通贸易的关注，以及各种历史的因缘际会，使闽南的泉州港得到了飞速的发展，成为世界屈指可数的大港口之一。闽南烧制的以青白瓷为主的各种瓷器，成为对外贸易的主要商品。闽南的福船应用了龙骨、水密隔舱等先进的造船工艺，成为当时世界先进的远洋船舶。闽南的航海人运用了水罗盘等各种先进的航海技术，形成队伍庞大、技术先进的远洋船队。在如此彪炳于世的海洋经济基础之上，闽南人创造了闽南海洋历史文化，这也是闽南文化最为辉煌灿烂的一页。

4. 畸形发展期

元代不足百年，却是闽南文化的灾难期，也是闽南海洋历史文化畸形发展的时期。在这一时期，元朝统治者以残酷的民族压迫和剥削阻挡闽南底层百姓赖以为生的农产品和手工业品的商品化生产，扼杀了其辉煌的文化创造力，摧毁了支撑闽南海洋历史文化的闽南农耕文化。

南宋淳祐年间（1241—1252年），泉州共有255,758户，计132.99万人。仅仅二三十年后的元至元八年（1271年），泉州户口锐减至158,800户，81万人。到元朝末期的至正年间（1341—1368年），泉州路辖境未曾增减，但户口已减为89,060户，45.55万人；到明洪武十四年（1381年），户口继续减至62,471户，35.11万人[①]。泉州的人口从宋末的133万减少到明初的35万。这一时期刺桐港给闽南人、闽南文化带来的灾难之深重，可想而知。

支撑元代刺桐港进一步发展壮大的原因之一，是因元朝疆域广袤的领土成为刺桐港的腹地。刺桐港是元代中国最大的港口，它的腹地延伸到了全中国，出口的商品来源于全中国，特别是南方各地最优秀精美的农产品和手工业品，其中最著名的就是元青花瓷，它出产于景德镇而不是闽南。在这样广阔的腹地支撑下，刺桐港成了世界最大的贸易港口。但这个港口最富有的是色目人，最有权势的是蒙古贵族。元朝统治者剥夺了闽南百姓走

---

①泉州市地方志编纂委员会：《泉州市志》，中国社会科学出版社，2000年版。

向海洋的主导权。八娼、九儒、十丐，闽南的精英知识分子比乞丐好一些，比娼妓还不如。闽南文化在社会的最底层挣扎呻吟。

一面是海洋历史文化的高度发达，一面是闽南百姓的贫富分化不断加剧。这种畸形的发展状态，深刻影响了其后闽南海洋历史文化的曲折走向。

5. 曲折发展期

元朝的残酷压迫引发了元末闽南百姓的起义，也摧毁和赶走了元朝最富有、最庞大的泉州刺桐港色目人海商集团。紧接着闭关自守的明朝统治者，又实行了民间“片板不许下海”，只准官方朝贡贸易的政策。世界最大的港口泉州刺桐港的地位从此一落千丈。

但是闽南人的心永远向着大海，他们几乎是全民开展走私贸易，甚至集结成海上武装走私贸易集团来抵抗明廷统治者的海禁。闽南的海洋历史文化就从两宋时期的官商一体共同推动海洋交通贸易转变为官海禁、民走私，官民对立的海洋贸易。在这样的生产生活环境中产生了闽南人民不畏强暴、刚强不屈、犯险冒难、好勇斗狠的性格。

这一时期又正是西方大航海时代的初期，葡萄牙、西班牙帆船叩关中国。闽南人在艰难的环境下主动对接并发展新的海外市场，生产了克拉克瓷、漳绸漳缎、天鹅绒等商品，震惊了西方市场，赚取了大量的白银。这一经血与火洗礼的艰难曲折发展，凝结了无数闽南人的生命和苦难。

两百年的博弈，终于使明朝统治者明白：禁则海商变海匪，放则海匪变海商。于是有了隆庆开海，官民再合作，创造了闽南海洋历史文化中的月港辉煌。

林仁川教授认为，月港是“大航海时代国际海上贸易的新型商港，美洲大航船贸易的重要起始港，大规模华商华侨闯荡世界的出发港，中国封建海关的诞生港”，对中国、世界社会经济都产生了重大影响。

月港繁荣的末期，被誉为“经济全球化东亚第一人”的郑芝龙打败了西方海上霸主荷兰人，控制了东亚海上贸易。他把闽南海上交通贸易的中心从月港迁移到了安平港，时间虽很短，但延续了月港的辉煌。

他的儿子郑成功面对清军和荷兰人的夹击，把根据地转移到了厦门，设立了思明州，开创了军港、商港、渔港三合一的厦门港。他又创立陆海相联的山海五路商业网络，把厦门港的腹地延伸到了全国，几乎掌控了当时全国的海上交通贸易。而后他又驱赶荷兰人，收复台湾，为闽南海洋历史文化写下了光辉灿烂的一笔。

为了扼杀郑氏集团的经济来源，清王朝残酷地实行了“迁界”和弃岛政策：沿海各省三十里地不准居住耕作，限时搬迁；沿海岛屿全部清空。迁界从 1661 年开始，至 1684 年二十多年的时间，从根本上断绝了闽南人与海洋的联系，使原本陆海相系的海洋经济链条完全断裂，以致有不少地方的经济长时间难以恢复。

当然，与明代官民逾两百年的残酷博弈相比，这也只是闽南人走向海洋的一个短暂的曲折过程。康熙二十二年（1683 年）施琅收复台湾后，清王朝将台湾纳入版图，台湾成为福建省台湾府，开放福建人渡海开垦台湾。

闽南人近水楼台先得月，“唐山过台湾”成为闽南海洋历史文化重要的一环。清廷还取消了迁界，开放了海禁，并在厦门岛设立“闽海关”。虽然其后时放时禁，但经不住闽南人向海之心的汹涌澎湃，从康熙到道光的150多年间，闽南人围绕着厦门港重新构建起海洋与农耕相融合的闽南海洋历史文化，并形成了闽台两地一体的海峡经济区。

风靡一时的同安梭船源源不断地将闽南的糖、瓷器载往东南亚，并载回暹罗米、仰光米、安南米。朝廷还多次下谕予以减税进口。虽然乾隆将西洋贸易归于广州一口，但广州十三行的四大行首，仍有同安白礁潘、漳州诏安叶、晋江安海伍三家来自闽南。

可是，农业文明的丧钟已经敲响，而闭关锁国、妄自尊大的清廷竟充耳不闻，直到鸦片战争列强炮舰的大炮轰响。

6. 衰亡期

建基于农业文明的闽南海洋历史文化，面对西方工业文明的咄咄逼人，虽然也曾抗争，也曾效仿，却依然一步步落败，走向衰亡。这一时期虽然商品的出口越来越少，但聪明的闽南人走出国门的却越来越多。他们呼朋唤友、成群结队走向世界。落番下南洋、侨汇支持家乡，实业救国、教育救国，回国革命、回国抗日、回国建设新中国，成为这一时期闽南海洋历史文化耀眼的光彩。

闽南海洋历史文化的衰退，从鸦片战争前开始，一直延续到改革开放初期。其时闽南的出口商品，几乎只有针对东南亚华侨的茶叶、瓷器、珠绣拖鞋、佛雕等手工艺品和有限的闽南水果。

闽南海洋历史文化的衰退与闽南工业化的学习和建设，几乎是同时开始的。到改革开放初期，闽南已经奠下了一定的工业基础。改革开放40余年，跟随着祖国发展的步伐，闽南人民开创了自己建基于工业文明的当代闽南海洋文化。在这其中台港澳的闽南人以及海外的闽南华人华侨作出了许许多多的贡献。

不过，关于工业时代的闽南海洋文化已经是另外一个研究课题。

四、 闽南海洋历史文化的内涵

海洋文化是人类在特定的时空范畴内，与海洋互动而生成的所有物质与非物质的文化，包括相关的经济、军事、科技、文化交流等活动，因海而生的各种生活方式，以及行为、习惯、制度、语言、艺术、思维方式和价值取向。

闽南的海洋历史文化大致包含以下几种。

1. 闽南渔业文化

闽南的渔业分为内海、外海和远洋的捕捞，还有滩涂和近海的养殖以及相关的加工业。由此产生各种生活习俗、口传文学、民间信俗等渔文化。出海的渔民被称为“讨海人”。沿海半农半渔的村落耕耘滩涂和近海，被称为“讨小海”。

2. 闽南盐业文化

闽南沿海半农半渔的村落，有的占有地利，很早就在自己的海湾滩头开辟出盐埕，并形成了一整套海水晒盐的生产技术、相关的工艺流程和生产工具。古时候，闽南绝大多数的盐业生产都有官方的介入，实行了盐业专卖的制度，但食盐的生产和走私，却也是绵延不绝。在这样的经济生产、交流、制度之上，产生了独具特色的闽南海盐文化。从事这一行业的人被称为“做盐的”、盐埕工。

3. 闽南船舶文化

福船是我国历史上远洋船舶最杰出的代表。福船的创造和生产，起于五代至两宋时期的闽南。其后历朝历代的闽南人不断地对福船进行创新、改造，直至清初创制了同安梭船，呈现了闽南造船技艺独树一帜、领先世界的风貌。从事这一行业的人被称为造船人。他们不但创造、传承、发展了造船的技艺，而且创造传承了相关的民俗习惯、口传文学、民间制度、民间信俗，极大地丰富了闽南海洋历史文化。这一文化在现今造王船的技艺和习俗中被较好地传承和留存，但也面临着后继无人的境况。

4. 闽南航海文化

这一文化包括观测天象、海象的智慧，制作牵星图、针路图、水罗盘的技艺，染制海上服装、风帆的技术，海上养猪、补水等创造供给的智慧，尤其是与风浪搏击的技艺和智慧等等。闽南人称航海人为“行船人”。他们拥有默契的团队精神，创造了独具特色的民俗习惯、专有名词和民间信俗。他们同舟共济、不畏强暴的精神深刻地影响了闽南文化的价值取向。

5. 闽南路头文化

闽南人把码头称作“路头”。“路头工”“路头王”

“路头好汉”，还有过驳舢板的船工，以及雇请船工、路头工的货主等构成了闽南港口文化的主体，演出了闽南路头一幕幕人生剧。

6. **闽南海商文化**

郊商郊行虽然是清以后才出现在文献典籍上，但闽南从五代开始的海上交通贸易就是在城郊外设立“云栈”。郊商郊行和侨商，是闽南海商最主要的群体，产生了一整套贸易制度和贸易体制，深刻地影响了清朝时期闽台两地海峡经济区的形成以及中国与东南亚的经济文化交流，推动了台湾文化和南洋华人华侨文化的形成。

当然，明海禁两百多年所催生的闽南海上武装贸易集团，也有自己的贸易体制和贸易制度，也催生了独具特色的海商文化，并深刻地影响了后世的海洋文化发展。

7. **台湾文化**

台湾文化是中华文化的又一个区域文化，由多种文化融合而成，但它的主体无疑是闽南文化。台湾75%的人祖籍闽南，90%以上的人讲闽南话，大多数人信奉和参与闽南民间信俗活动，所有这些都源起于“开台第一人”颜思齐开始的“唐山过台湾”。闽南人的分香、分炉、分庙和其后的进香、谒祖、续谱，让闽南文化深深地扎根于台湾，并在那儿吸收融合其他的种种文化，不断地有新的创造和发展，回馈闽南原乡故土。

8. **华侨华人文化**

闽南人下南洋历史极其悠久，不过最大量的迁徙南洋是在鸦片战争以后。闽南的华人华侨分为两支，一支落叶归根，以陈嘉庚这样的归国华侨为代表；一支落地生根，以峇峇娘惹为代表。当然还有所谓的“新侨”，他们大都已经在居住国落地生根、开花结果。他们各自都创造和形成了具有鲜明特色的华侨文化，成为闽南海洋文化重要的组成部分。

9. **海防文化**

闽南人鲜有凭自己的武装去霸占他人领土、掠夺他人财产的历史，有的只是因别人来侵略来掠夺而奋起的反抗和防卫。大航海时代，荷兰人来犯，被郑芝龙、郑成功父子打得落败而归。鸦片战争以后，闽南人与英国人、法国人、日本人都交过手，挨打的情况多，但依然不屈不挠，英雄辈出，书写了闽南海洋文化壮丽的一页。

10. **海盗文化**

有海就有盗。闽南海盗的历史也非常久远，早在唐代、五代的时候，商船出航都要结伴而行以避海盗。推动闽南海盗横行的，是明朝的海禁，大多数的海商不得不成为海盗，结成海上贸易武装集团。明朝的“倭寇”，实际上很多是闽南人为了获取贸易的货源伪装的强盗行为。后来开海，朝廷又采取以盗治盗的策略，贻害无穷。闽南的海盗时起时伏、绵延不断，直到1949年新中国成立才算结束了闽南海盗的历史。

不过闽南的海盗对台湾的开发，对南洋的早期开发，却也是有贡献的。他们也形成了自己一整套独特的习俗和行为规范。无论是正面还是负面的历史经验，都值得我们研究。

11. **水客蛇头**

这是一个非常独特的群体，历史非常悠久。他们往来于闽南和台湾、闽南和南洋，为人们传递信息，传送物品、金钱，最后形成了侨批行业。但这只是他们业务的一小部分。他们还走私物品，协助偷渡，贩卖人口。他们也形成了自己一整套的规矩，甚至行话。除了后来的侨批引起关注，水客、蛇头的文化却很少被人们所关注。

当然，研究闽南海洋历史文化，除了上述从人员、行业分类来展开研究，也可以按照西方分科治学的办法，把闽南海洋历史文化切割成民俗、宗教、技艺、艺术、口传文学、海洋科技等等。从历史学角度还可以分为航海史、贸易史、渔业史、海防史、海难史等等。

还有另外一种研究办法。即六个问题的研究法：

在哪里？——闽南海洋文化的区域范围。

哪里来？——闽南海洋文化的历史。

有什么？——闽南海洋文化的内涵。

是什么？——闽南海洋文化的核心精神。

怎么样？——闽南海洋文化的现状。

哪里去？——闽南海洋文化的未来走向。

这是将闽南海洋文化视为一个整体，一个生命体，来展开全面的、长时段的、动态性的系统研究。

这几种不同的分类和研究方法，并无高下之分，只是观察事物的角度和方法的不同。

鉴于我们的队伍、经费和我们所据有的资料的局限，我们选择第一和第二种方法的结合，从五个专题切入，编写六本小册子：《走向海洋——从刺桐港到月港》（作者蔡少谦、黄锡源），《思明与海》（作者陈耕），《讨海人——玉沙坡涛声》(作者陈复授),《东南屏障——从中左所到英雄城市》(作者韩栽茂),《飞越海峡的歌》(作者符坤龙),《闽南人下南洋》(作者蔡亚约)。

今后若有可能,则还想继续组织研究闽南海商、闽南行船人、闽南造船人、闽南路头工、闽南海盗等方面的课题。

当然就我个人而言,更期待能够有机会、有支持,来展开对闽南海洋文化整体的系统的研究。

中国的海洋文化已经有许多先哲和同仁开展了出色的研究,我们是后来者。由于视野和资料的局限,仅仅关注于闽南、厦门海洋历史文化的探索。期待方家和读者的指教。

以上的主要观点,我在2019年12月14日厦门市文化和旅游局主办的“人与海洋”学术研讨会发表过,做了些修改,权作本丛书的序。

陈耕

(厦门市闽南文化研究会原会长)

2019年12月16日

目录

前　言

思明，是伟大的民族英雄郑成功给厦门起的名字。从那时起，至今 360 多年，思明州、思明县、思明府、思明路、思明区、思明小学、思明电影院等等，思明这个词和厦门结下了不解之缘。思明、开元、鼓浪屿三区合并，最后选择的名字还是思明。

思明区政府

思明电影院

历史上，厦门城因海而生，始于明代初年设永宁卫之中左所。其后，厦门城市建设有四个重要的节点，每一次皆与海息息相关。

厦门城市建设第一个重要的历史节点是明末清初郑成功经营厦门岛，开创山海五路的海上交通贸易网络，奠定了厦门军港、商港、渔港三港合一的框架。以郑成功为代表的闽南人及其文化，奠定了厦门城市建设的第一块基石。郑成功也是从厦门出发，打败荷兰殖民者，收复了台湾。

郑成功雕像

第二个历史节点是施琅收复台湾，把福建水师提督府放在厦门，并确定厦门与台南是祖国大陆与台湾唯一的交通口岸。厦门成为祖国大陆与台湾商贸往来、调兵遣将、人员过往最重要的港口。同时，施琅推动清朝开放海禁，在厦门设立闽海关，为厦门与台湾以及东南亚地区开展贸易的郊商郊行创造了较好的环境，并使厦门成为海峡两岸最大的港口和闽南人过台湾、下南洋的出发地、归来港。

福建水师提督府仅存的一品官补石狮

第三个历史节点是鸦片战争之后，厦门成为“五口通商”口岸之一。西方文化开始大量地从厦门登陆，向内地传播。厦门的码头、海关、商贸逐步被外国人所控制，外国的教会、学校、医院进入厦门，鼓浪屿成了万国租借地。在受尽帝国主义的欺辱和剥削的同时，厦门人民也学习和融合了大量的外来文化，引领近代以来闽南文化的转型、创新和发展。

中国体育教育第一人马约翰

第四个节点是 1895 年清政府被迫签订《马关条约》之后，以板桥林家和雾峰林家为代表的一批台湾士绅不愿做亡国奴，毅然回到原乡故土闽南，大多数定居于厦门。辛亥革命后，以陈嘉庚、黄奕住为代表的许多南洋闽南华侨怀抱着“实业救国”“教育救国”的理念回到闽南，大多也定居于厦门，办学校、办工厂、修路建桥，开始了厦门现代化的城市建设。当时规划领导厦门城市建设的市政委员会会长是台湾归来的漳州龙溪人林尔嘉，副会长是印度尼西亚归来的泉州南安人黄奕住。厦门的电厂、自来水厂、电话公司、电灯公司，现在的开元路、大同路、中山路、中山公园都是厦门市政委员会规划建成的。鼓浪屿的房屋绝大多数也是此时建造的。这一时期，陈嘉庚先生创办集美学村和厦门大学，荟萃全国精英，培育闽南学子，对厦门、闽南、福建的影响至深至远。

嘉庚先生和学生雕像

改革开放之前，厦门城区的基本面貌就是 20 世纪二三十年代的市政委员会规划建设的。

郑成功时代思明州是与漳州、泉州相当层级的整个厦门岛，甚至还包括了金门、浯屿等管辖的区域。辛亥革命以后到1935年厦门市成立，思明县管辖的也就是厦门岛西南的老市区和鼓浪屿。今天的思明区管辖的不但涵盖了改革开放前整个厦门市区，甚至还包括曾经是郊区的禾山的一部分。

因此，本书所说的思明，并非专指今日的思明区。无论是大思明，还是小思明，依鹭江、临大海，与海亲密无间，这是天造地设的地理环境。也正是这样的地理环境，思明人上承泉州刺桐港、漳州月港的风采豪情，下续郑成功开港拓海之初心，以大海为舞台，书写了无数可歌可泣的史诗，创建了无数壮丽辉煌的业绩，更留下了代代相传、至今耀眼灿烂的厦门海洋历史文化！

思明与海，要记述的正是这360多年来，思明人走向大海，迎风搏浪所创造的不朽历史，印证习近平总书记所说的："厦门还是著名的侨乡和闽南文化的发源地，中外文化在这里交融并蓄，造就了它开放包容的性格和海纳百川的气度。"

厦门与海

第一章　郑成功与思明

第一节　思明——郑成功的王兴之地

中国人类学的开创者、厦门大学教授林惠祥先生于 20 世纪 30 年代，曾在厦门港的蜂巢山捡拾到一把新石器时代的有段石锛，证明厦门在 3000 多年前，就已经有人类的活动。但他们是谁？后来，又到哪去了，好像也没有人去深加追究，还是一个谜。中原汉族从西晋永嘉年间开始，陆续大规模进入闽南。但史称“南陈北薛”的两支最早来到厦门开拓时，则已是唐中叶。至宋代，厦门已经阡陌交通，人烟稠密，属同安县嘉禾里。明海禁，洪武二十七年（1394 年）于厦门岛西南设永宁卫中左所。

厦门大学人类学博物馆

清顺治十二年（1655 年）三月，郑成功改中左所为思明州。思明州，就是和泉州、漳州平起平坐的一级行政机构了。所以厦门虽归属同安，但实际上从明初中左所开始，同安就很难管厦门了。中左所归永宁卫管，俗话说“有枪就是草头王”，这些“兵老爷”们同安怎么管得了？思明州更不用说了。到了清代，厦门岛上说话算数的都不是同安县老爷，而是福建水师提督、海防同知、台厦道。

当然思明州实际上管理的就是厦门、金门等几座海岛。郑成功坐镇厦门，他当时已经受封王爵，并按照延平王礼制仿设朝官，设置吏、户、礼、兵、刑、工六官及察言、承宣、审理等官，这样一来，厦门等于是政权中心之所在了。

据说，在酝酿中左所改思明的时候，有一老者听闻，大呼不可！反清复明，徒“思”何益？思尽即止。但是因为郑成功已经决定改思明，所以也就没有人敢把老者的意见上报郑成功。多年以后，《先王实录》的作者杨英谈到此事，感叹当年如果郑成功听了老者的意见，也许就不会将中左所改为思明，而历史或许会改写。

皓月园郑成功军队壁雕

但中左所也好，思明也好，厦门也好，这个地方，正是郑成功的王兴之地。

郑成功是郑芝龙的大儿子。这位父亲可不是等闲之辈，年少闯荡江湖，从最底层开始打拼，直到一人之下万人之上的弘光朝“太子太师南安伯”，隆武朝“定策元勋”，权倾朝野。

郑芝龙于万历二十三年（1595年）生于福建南安石井，字曰甲，号飞黄。万历三十八年（1610年），15岁的郑芝龙只身到澳门，投靠在澳门经商做日本生意的舅父黄程，并学会葡萄牙语。后又只身一人前往吕宋马尼拉，住在涧内城墙的外面华人贩夫走卒聚集的地方，过着最穷困的日子，还因犯下了罪行被西班牙当局判处了极刑。幸亏当地的华商都是他的泉州老乡，在乡亲们的帮忙下，求情行贿，他才被西班牙人释放了。其中出力最大的乡亲就是著名的华商李旦及其手下。

当然，郑芝龙也没有虚度在菲律宾艰苦的时光，富有语言天赋的他又学会了西班牙语。

出了监狱，18岁的郑芝龙从马尼拉来到了日本九州岛西陲的平户，他很快又学会了日语。

曾救过郑芝龙的李旦是平户岛上最有名的华商。原先在马尼拉经商的他，生意远达日本，因为西班牙人眼红他的财富，就设计将他逮捕下狱，还没收了他的财产。后来，他逃出了马尼拉，将经营的基地改放到日本，大部分时间住在平户。他有一个庞大的家族企业，生意做得很大，船只远达中国月港、澳门，以及交趾、暹罗等地。李旦善于结交长崎、平户两地的权贵，成为当地的头面人物。

郑芝龙在平户居住了十二年。开始他居住在离开平户港区十几里地的内浦，是华人贩夫走卒聚居的贫民窟。郑芝龙曾经卖过草鞋，做过裁缝，经历过一段与留在澳门和马尼拉时期同样艰苦的日子。不过，郑芝龙颇具语言的天赋，通晓葡萄牙语、西班牙语、日语，后来又学会了荷兰语。这项才能被李旦看上，再加上郑芝龙的精明能干，他成为李旦与各国商人打交道所倚重的主要助手。与李旦的这种关系使郑芝龙很快积累起财富，并结识了许多来平户的各国商人，特别是闽南的海商。当然，也认识了许多侨居平户的闽南人，其中影响他命运的有两个人。

一个是泉州铁匠翁翊皇。翁早年到平户，开打铁铺，娶了个年轻的日本寡妇安家并归化于日本，后来成为平户幕府的公务员。这位寡妇还带来一位叫田川的女儿，随改嫁的母亲与翁翊皇住在一起。翁因没有生育视田川如自己的女儿，并在天启三年（1623 年）将这个女儿许配给郑芝龙，第二年生下了郑成功。

另一位就是“开台第一人”颜思齐。

颜思齐（1589—1625），字振泉，漳州海澄县青礁村人。精通武艺，体格魁梧雄健，为人豪侠仗义，在月港开设裁缝铺，也经营对外的丝绸贸易。

海沧青礁开台文化公园颜思齐雕像

明万历四十年（1612 年），颜思齐遇官宦家奴侮辱邻里百姓，一怒之下，将此家奴杀死。

颜思齐的家乡青礁村在今厦门海沧。海沧与月港分别为九龙江北、南两岸的要冲，都是当时对外通商的港口，常有洋舶进出。为了逃避官府缉捕，颜思齐当即搭乘一艘正要出港的商船，逃往日本平户，靠做裁缝谋生，也做些海上交通贸易。颜思齐仗义疏财、武艺高强，喜欢交结朋友，很快就成为平户底层华人的首领，与郑芝龙等 28 人结盟为兄弟，并被推举为盟主。郑芝龙一面帮李旦经商，一面又结交颜思齐结拜兄弟，可谓黑白两道通吃。

明天启年间，日本社会处在德川幕府统治时代初期。德川家族实行锁国政策，海上贸易困难重重。晋江船主杨天生游说颜思齐起事，与德川幕府分庭抗礼。颜思齐与 28 个兄弟商议，定于八月十五日上午突袭平户炮台，再攻长崎衙署。起事前两天，由于李英在参加杨经寿诞时，欢饮过度而泄露机密，遭幕府缉捕。幸亏郑芝龙的丈人翁翊皇得到消息，他们才于十四日下午分乘 13 艘帆船逃离平户。因为仓皇出逃，郑芝龙也顾不上老婆孩子，把刚刚满月的郑成功丢在日本平户。

船到大海，有人提议：台湾笨港一带土壤肥沃，人烟稀少，不妨前往暂住，再图霸业。颜思齐平时从事海上贸易时就经常在笨港进进出出，也觉得那一带背负山林原野，面对福建，东北连日本诸岛，南通南洋诸国，既适合农垦开荒，又适合从事海上贸易，进可攻，退可守，确实是休养生息的好去处。当即调整船帆，直驶台湾。

明天启四年（1624 年）八月二十三日，颜思齐一行数百人在台湾笨港（今云林县北港）登陆。至今北港有“颜思齐先生开拓台湾登陆纪念碑”。

颜思齐一行在台湾落脚后，一方面将原先设在平户的贸易机构移到台湾，巩固、发展海上武装贸易集团，一方面派人到闽南一带招募船工、农民。不久，颜思齐的人马便扩大到 3000 余人。

颜思齐拓台纪念碑

据《诸罗县志》记载，颜思齐模仿中国传统的屯田制，将所有人马分为十寨，营寨遗址大部分至今尚存。

可惜，第二年，天启五年（1625年）九月，颜思齐因病去世。

颜思齐死后，郑芝龙成为十寨之首，同时又接管了李旦的大多数生意，更极力发展海上贸易，势力大增。

那时候的海上贸易，亦商亦盗，所有的贸易商品资源，如瓷器、丝绸、茶叶、糖等等，都在福建、广东、浙江东南沿海。而从明晚期开始，中国最重要的对外通商口岸，就是九龙江下游漳州海澄月港，而中左所正扼住月港进出外海的通道。郑芝龙的队伍，当然免不了就要经常到这儿来袭扰和抢夺海上贸易的资源。

当时福建总兵俞咨皋是抗倭名将俞大猷的儿子。素负盛名的他根本就没有把郑芝龙放在眼里。从天启六年（1626 年）五月到九月，俞咨皋分别派游击、千户、副总兵连续三次征剿侵犯中左所的郑芝龙，全部损兵折将，大败亏输。

十月，俞咨皋亲自挂帅，调集沿海各卫所兵船集中于中左所。郑芝龙领兵迎战，分两路夹击，彻底打败了俞咨皋，并趁势攻占了中左所。官军连战连败，眼睁睁看着郑芝龙扼住月港出海口，把持了海上贸易，却再也无力征剿。

崇祯元年（1628 年），福建巡抚熊文灿走马上任。他看着前任屡战屡败，心里已畏惧三分，于是派人和郑芝龙谈判。七月郑芝龙被正式招抚，官授海防游击，几年后更升为福建总兵。

厦门、月港乃至整个厦门湾，甚至台湾海峡，名正言顺成为郑芝龙的势力范围。郑芝龙正是在中左所，也就是后来的思明，大败官兵，而后由匪变官，从此飞黄腾达。

郑芝龙降明这一年，恰遇闽南大旱。郑芝龙自告奋勇，招饥民数万人，用海船将他们载往台湾，开荒自给。所有耕牛、种子、农具等皆由郑芝龙一手供应。这是汉族第一次大规模有组织的移民开发台湾，形成汉文化、闽南文化传播台湾的第一个高潮。

这几万灾民有组织地移垦台湾，其影响极为深远。他们带去了大陆先进的农耕技术，开垦了大片的土地，建窑烧砖，盖起了瓦房，组建了村落，建立了集市，运来了各种各样的手工业品。这一切先进生产力，开始把台湾从刀耕火种的原始社会带进了封建社会。

郑芝龙在招饥民垦殖台湾时，实行了租税制。他把台湾的土地视为他和他的集团所有，把这些招引来的灾民视为他的佃农。所有土地、耕牛、种子并非无偿赠送，每年收成，必须向他缴纳租税。这样，就把封建地主制度也带到了台湾。这对当时的台湾，应算是比较先进的、有利于生产力发展的制度。

这几万有组织、相对集中聚居的闽南百姓，其生活习惯、人情习俗，很自然地延续了闽南原乡故土的风情。闽南民间的传说、技艺、民间信仰的神祇也很自然地随着这几万移民进入了台湾。

总之，郑芝龙这次组织的大规模移民行动，标志着汉族零星分散开发台湾时期的结束，也预示着中国的台湾一个新的时期开始。郑芝龙对台湾的开拓应该说是有很大贡献的。

明成化之后，晋江出海口的泉州港、泉州湾日益没落。闽南的贸易中心已经转移到了九龙江出海口的漳州月港，以及厦门湾。

到明末，厦门作为海港得天独厚的优势逐渐显现出来，成为漳泉二府官家争夺的宝地。先是许心素占了厦门，然后郑芝龙夺了厦门，把它作为自己的贸易根据地。

郑芝龙故乡南安石井

郑芝龙被明朝招安以后，中国人衣锦还乡的理念使他把大本营转移到同是厦门湾，但离故乡南安石井村更近的晋江石井镇安海港。

闽南的讨海人（渔民）和行船人（海员）是以海湾来划分界限的。同一海湾的人，就被称为同“港脚”，就有了如同同乡人的亲切，一荣俱荣，一损俱损。

从地图上看，狭长的安海湾在厦门湾的北部深深地向北延伸，直抵河流的出海口，左边是晋江的石井镇，右边是南安水头镇，中间有宋代修建的五里安平桥横跨安海湾。湾口的右侧就是紧邻着水头的郑芝龙的故乡南安石井村。晋江石井安海港和月港、厦门港同属厦门湾。

这里就出现了两个石井：晋江石井和南安石井。据《大清一统志》卷二二八曰：“安海城在晋江县西南六十里。古名湾海，宋初改名安海市。东曰旧市，西曰新市。海舶至州，遣吏榷税于此，曰石井津。建炎四年（1130 年）置石井镇。……元置石井镇巡司……明嘉靖三十七年（1558 年）倭乱，甃石拓城，周一千二十七丈。门四，水关大小八。设官军戍守，亦曰安平镇。”可见镇为石井，城为安平。而南安石井只是一小村落。

石井为宋代古镇，商业发达，文风鼎盛。朱熹之父朱松为石井镇首任镇监。朱熹本人任过同安县主簿，往来石井，人称为“二朱过化”。在朱熹之后，安海石井文化迅速发展。其学生所立二朱先生祠又名鳌头精舍，以后成为石井书院，如州县学之制，小镇学风之盛可知。这对后来成长于斯的郑成功的思想性格、文化养成，影响至深至远。

明崇祯三年（1630 年），郑芝龙派人到日本把 7 岁的郑成功接回石井镇。

郑成功（1624—1662），原名森，字明俨，号大木。祖籍福建省南安县石井村。明天启四年（1624 年）七月十四日，诞生于日本长崎县平户市千里滨。

安海安平桥（五里桥）

回国后，郑芝龙重金聘请名儒教习大儿子郑森，又请武林高手教其武艺。郑森果然没有使父亲失望，他自幼聪颖，很早就显露出不同凡响的才华。11 岁时，书斋内课文承题，老师以“洒扫应对”为题，郑森稍加思索，即答以：“汤武之征诛，一洒扫也；尧舜之揖让，一进退也。”用典立意新奇，回答又快捷，执教先生为之惊叹。叔父郑鸿逵器重他，常抚摩其首，称他是郑家的“千里驹”。郑鸿逵在崇祯十三年（1640 年）考取了武进士的功名。这位武进士的言传身教对少年郑森的成长影响颇大，所以郑森不仅重视习文，也兼修武学。史料记载他：“性喜《春秋》，兼爱孙吴，制艺之外，则舞剑驰射。”郑森在石井受学近 8 年，至 15 岁，即以优异成绩考取南安县学生员，21 岁时进入南京国子监学习。郑森拜江南名儒钱谦益为师。国子监课程除经学之外，还有朝廷御制的《大诰》《大明律》等正统典籍，它为日后郑成功的治军思想多少带来一些影响。

郑芝龙回归明朝后，以官军的名义开始扫荡东南海上的各股海盗，同时与荷兰人展开了激烈的海权争夺。大约到 1633 年前后，郑芝龙扫平了所有的海匪，并屡次大败荷兰兵舰，成为东亚海上霸主。

特别是明崇祯六年（1633 年）七月一仗，荷兰兵舰倚仗船坚炮利，直入中左所海面。郑芝龙的水师，熟悉海流风潮，富有海上作战经验，善于利用风势潮水，向荷兰船队发起火攻。荷兰侵略者在此次战役中，损失了 6 艘夹板船，伤亡逾千，还有百余人被活捉，狼狈而逃。此后在相当长的一段时间里，再也不敢窥视闽南沿海。最后荷兰人也只好乖乖向郑芝龙纳税领取海上经商的牌照。

这时，郑芝龙的水师控制了东亚的海权，掌控了这一广袤海域的海上交通权。他自己一面建构山海五路的海陆交通贸易体系，一面向其他国家从事这片海域交通贸易的商人收税。后人称其为“经济全球化东亚第一人”。

正当郑芝龙在海上春风得意，耀武扬威之际，明崇祯十七年（1644 年）三月十八日，李自成大军攻入北京城，崇祯皇帝吊死在煤山，随后清军大举入关。当年五月，福王朱由崧在南京称帝，改元弘光。第二年五月，清军占领南京，福王出奔，被清军捕获。

闰六月，郑芝龙、黄道周等人在福州拥立唐王朱聿键为帝，改元隆武。郑氏家族因拥立有功，个个封官赏爵，郑芝龙更是权倾朝野。于是他将年方 21 岁的郑森携带入宫，晋见隆武帝。为了表示对郑家的恩宠，隆武帝封郑森为御营中军都督，赐姓朱、名成功，赐尚方剑，仪同驸马。翌年三月郑森又被封为忠孝伯，佩招讨大将军印。此后的郑森遂以郑成功、朱成功、国姓爷之名成为驰骋闽浙粤沿海的海上骄子。

1646 年，清军攻入福建，大兵压境，郑芝龙的泉州老乡洪承畴来信招降，以闽广总督之职诱降郑芝龙，许下了许多美好的承诺。郑芝龙信以为真，决定投降清朝。

郑芝龙降清的决定，遭到郑成功的坚决反对。郑成功向父亲慷慨陈词，认为凭借闽粤山海地理环境和久经战阵的水师可以与清朝长期周旋。岂料，郑芝龙降意已决，当面呵斥郑成功“稚子妄谈”。郑成功见父亲不听劝告，跪地叩首哭谏，希望父亲三思而行。郑芝龙竟拂袖而去。

郑成功在哭谏无效的情况下，决心与父亲决裂。叔父郑鸿逵赞许和支持他，暗中调一支军队，交给郑成功，嘱咐其秘密逃往金门暂避。

郑芝龙应清军主帅邀约上福州，行前派人寻找郑成功。郑成功与父亲决裂之心已定，慷慨激昂写下一封著名的《报父书》交家人带回。信中表明了自己不愿意随父降清的决心：“从来教子以忠，未闻教子以贰，今吾父不听儿言，后倘有不测，儿只有缟素而已。”

清顺治三年（1646 年）十一月，郑芝龙到了福州。他自恃在闽粤海域上有精锐水师，清军欲征服沿海地区，仍需要借重于他，不加防备，只带五百士卒前往。不料，清军主帅认为，只要郑芝龙落网，郑氏家族群龙无首，又会顾及郑芝龙的性命，必然会听从清朝的命令，因此背信毁约，连夜挟持郑芝龙北上“面君”，只令其留下几封书信，作为招降郑氏部下的凭证。郑芝龙到北京被授予徒有虚名的总兵，无卒无兵，实为软禁。

安海郑芝龙的部下、家眷，以为郑芝龙已经降清，所以未作防备。谁知道清兵对郑芝龙长期囤积的大量珍宝财富，早已垂涎欲滴，十一月三十日突然偷袭安平，大肆抢劫淫掠，郑成功的母亲田川氏被辱自尽。

郑成功闻父亲被挟持北上，生死未卜，又得知母亲殉难的噩耗，如晴天霹雳，痛不欲生。他自幼远离父亲，全靠慈母呵护教养，与母亲情深意笃。7 岁回国，因日本不准女人去国，直到成年才骨肉团圆。但因忠于君王之事，聚少离多，未能常年侍奉母亲。岂料风云突变，母亲竟归西而去！

国恨家仇，他悲愤万分，从金门披麻戴孝赶回安平，料理母亲的丧事，然后来到南安丰州孔庙前，焚烧青衣儒服，向孔子的牌位诀别："昔为儒子，今为孤臣，向背去留，各有作用，谨谢儒服，唯先师昭鉴之。"表示自己将为国尽忠，弃文就武，投笔从戎。

随后，郑成功倾尽残余的家产，以"招讨大将军罪臣国姓"的名义，会同流亡南下的隆武朝文官武将，招集父亲旧部约90余人，扬帆入海。同年底，在郑成功的倡导下，闽粤沿海几支反清义师在厦门和金门两岛之间的烈屿（即今天的小金门）会盟，树起"反清复明，恢复中兴"的旗号，开始了波澜壮阔的抗清战争。

郑成功起兵后，虽然有部分父亲的旧部相随，但是兵少粮缺，势单力孤。当时，多数父亲的旧部各自拥兵自立，中左所是郑彩、郑联的老巢，附近的金门被郑成功的叔叔郑鸿逵控制，中左所以北的舟山、南日、海坛，中左所以南的铜山、南澳等岛屿都已被拥戴鲁王的南明遗臣旧将占据。他们也瞧不起郑成功这个初出茅庐的年轻人。加上清军重兵征剿，郑成功几年南征北战，得而复失，始终没有一个立足的根据地。

清顺治七年（1650年）七月，清军大部队入闽粤，郑成功的军队被迫退到铜山（东山岛）。族叔郑芝鹏劝说郑成功夺取中左所为根据地，得到了众部属的赞同。

当时厦门为郑氏旧将郑彩、郑联兄弟占据。这两兄弟也是南安人，与郑成功同宗，郑彩早年还拜郑芝龙为义父，与郑成功有通谱之谊。

郑芝龙降清时，郑彩与郑鸿逵等率师入海，坚持抗清。南明隆武小朝廷覆灭后，郑彩到舟山把鲁王接到中左所，拥为监国。

鲁王进封郑彩为建威侯，其弟郑联为定远伯。鲁王在嘉禾屿住了几个月，北上浙江海域，在一个叫作长垣的小岛上设立小朝廷，并封郑彩为建国公。

郑彩和其弟郑联带兵回到中左所。假国公之尊，又有兵船数百，成为名副其实的“岛王”。史料称“联在岛，事游宴，其党多暴”。在厦门横征暴敛，百姓深受其害。郑彩家就在今后海墘巷和思明北路交界处，后人称此处为国公府巷。

清顺治七年（1650 年）八月，郑彩率主力船队外出，郑联留守嘉禾屿。

“郑成功杀郑联处”（厦门万石植物园万石水库右侧）

八月十五日夜，郑成功率领船队驶入鼓浪屿，得知郑联正在万石岩大宴宾客，于是分派人马潜入中左所。第二天上午，郑成功到万石岩拜会郑联，郑成功以“屡败之将”自称。郑联本就瞧不起郑成功，见郑成功言语如此谦恭，更是毫无戒心。郑联留郑成功小饮，二人尽欢而散。

八月十七日，郑成功在虎溪岩设宴回请郑联，郑联欣然前往，入夜掌灯而归。路过半山塘，郑成功布下的伏兵突然杀出，将郑联刺死。郑成功得报后，当即在虎溪岩顶放炮为号，早已潜入的各路人马，一起杀出夺取中左所城。隐蔽在各港湾的船只也立即行动，迅速控制郑联部将的船只。郑彩、郑联的部将原本就是郑芝龙的部属，见大势已去，纷纷归顺。

郑成功派人带着亲笔信去见郑彩，折剑为誓，请其率水师回归。郑彩思前想后：自己年老气衰，郑姓子弟中唯有郑成功堪当大任，便将所率水师带回中左所，交付郑成功。郑成功兵力大增，并占据了厦门。

不料半年不到，第二年二月，郑成功的族叔郑芝莞趁着郑成功广东勤王，引清兵占领了厦门，当郑成功回师增援之时，叔叔郑鸿逵又放清军逃走。郑成功损失了大量的财富，夺回厦门后怒不可遏，将郑芝莞斩首。叔父郑鸿逵也自知犯下大错，自请离职回金门休养，将兵将、战船全部交由郑成功指挥。

郑成功军事实力空前壮大，并完全控制了厦门，使其成为他坚固的抗清基地。这是郑氏抗清事业发展的重要转折点，此后，东南沿海郑芝龙旧部，基本在郑成功的统一指挥之下。

可见，厦门实为郑氏父子王兴之地。难怪他要在此建立他的政权行政中心，并将此地改名思明。

第二节　郑成功在思明创建的伟业

郑成功完全掌握厦门以后，深感厦门岛地处九龙江出海口，面对台湾，四季如春，周边有大小金门、青屿、浯屿、鼓浪屿、火烧屿等小岛，如众星伴月，组成一道天然的防波堤，又潮汐环流，是个不冻不淤的天然良港。于是，定下了“固守各岛，以拒来敌；兴贩洋道，以足粮饷；攻取漳泉，以为基业；水陆并进，夺取八闽”的战略方针。这样，厦门就成为郑成功政治、经济和军事的根据地。

郑成功首先在厦门扩军练兵，修造战船，扩充力量。他将部队分为水陆两师，分陆师70余镇，水师10余镇。镇将挂总兵衔，以前提督黄平为陆师总督，以辅明侯林察为水师总督。这一时期，郑成功的水陆师总兵力已达10万人，大小战船近万艘。战船计有大熕船、沙船、乌船、水艍船、赶缯船、快哨，还有专门用来发动海上火攻的火船。

陆师则设有骁骑镇、神器镇（火炮）、藤牌镇等特殊兵种。后来，还专门组建了一支全身穿戴铁甲的陆师，名虎卫镇，也称铁人镇。

郑成功非常重视操练兵马，常常亲临演兵场督阵操练。他清楚面对的敌人有多么强大，希望自己的将士能够以一当十。所以无论是出征，还是驻守，都要求将士不断操练。每月还要进行一次比试骑射。

郑成功当时在厦门设立了两个演武场，一个是如今已为厦门市文物保护单位的厦门大学演武场，一个是现在开元路一带的外校场。现今，思明还有“外校场巷”地名。

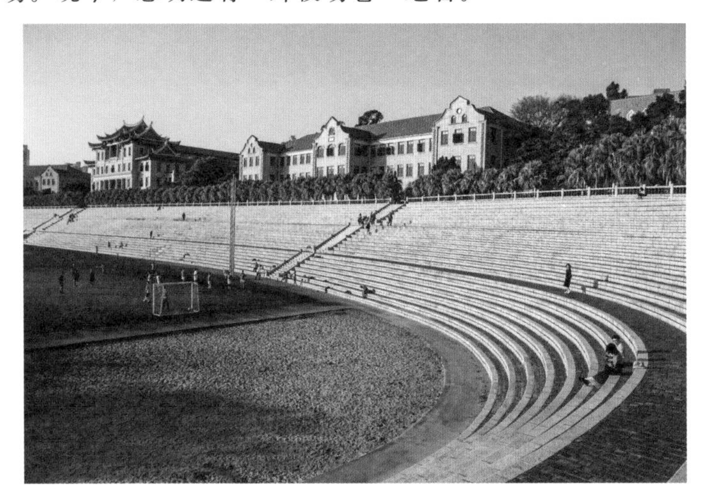

演武场

厦门大学的演武场原本是明代抗倭名将俞大猷来厦门剿倭时所设立的演兵场，郑成功将它重新修整作为练武之地。1954 年，在厦门大学群贤楼前曾出土少量明代瓷碗和“练胆”石刻一方。

现存演武池位于顶澳仔，南北长 83 米，东西长 105 米，东连演武小学，西傍演武花园，南北砌堤岸护栏。

现在的演武池，只是当年郑成功操练水师的海域留下的一小部分遗址。古时，有条港道自西南绕蜂巢山南麓延伸至东南麓，并形成海湾，名“澳仔”。港道外边有玉沙坡和沙坡尾所在的半岛为屏障，当年港深澳阔方便船舶进出，郑成功就在此演练水师船队。

思明南路与大学路之间，有条演武路。路名“演武”，源于郑成功的演武亭和演武池。

演武亭位于今厦门大学体育场一带，是郑成功为了方便亲自督操，在澳仔操场起盖的演武亭楼台。演武亭于永历九年（1655 年）三月竣工，郑成功曾多次驻此亲自练兵，以石狮重 500 斤为标准，力能挺起者，拔入左右武卫、虎卫亲军，配以云南斩马刀、弓箭，戴铁盔，穿铁臂、铁裙，被称为“铁人”，极具战斗力。

洪本部碑刻

另一处演兵场是外校场。外校场现在是开元路通往洪本部的一条小巷的名字，但当年这是一片紧邻着郑成功营盘的操练场。

古营路是古时郑成功所部营盘所在地，所以叫“古营”。附近的洪本部街，也因郑成功部将洪旭兵部衙门遗址得名。郑成功驻厦期间，这一带是郑氏的军事区域，扼守筼筜港口。

古时的“大走马路”是一条位于山脊的古街，后来改建为现在的大中路。大走马路南端称五崎顶通小走马路。小走马路则一直通往镇南关。镇南关上边鸿山就是郑成功屯兵的嘉兴寨遗址，岩上石刻“嘉兴寨”三字，相传为郑成功手书。附近有太师墓，是郑成功堂兄弟郑彦千和郑涛千的墓，因双双死于国事，追赠太师。

嘉兴寨为明末清初郑成功屯兵厦门时所建山寨遗址，摩崖上镌“嘉兴寨”三字，相传系郑氏亲笔所提

相传当年郑成功经常骑马随带部属从这条路到水操台检阅水师演练，因此留下“走马路”名称。

郑成功最彪悍的部队就是他的水师，所以他对操练水师是十分上心的。现在大家知道的就是一个日光岩的水操台，实际上他在厦门还有两个水操台。

日光岩水操台

现今民立小学旁边有旗杆巷。据说因巷中有光禄大夫陈光远的府第，门前竖着旗杆，而称为“旗杆巷”。旗杆巷旁边民立小学校园原本有一祖婆庙。祖婆庙正名“和安宫”，因供奉开闽王王审知夫妇，俗称“祖婆庙”。祖婆庙对面是涂崎巷，涂崎巷和祖婆庙之间即郑成功水操台所在地。

古时，其外侧是海面。据说这里海滨有块礁石，上刻“崇祯七年我军熊侯克红夷于浒”。对照史料，当指明朝福建巡抚熊文灿在附近海域打败了荷兰侵略军。

这个水操台早废，东面为“廿四崎”，是下通棉袜巷的台阶，上面叫“廿四崎顶”，崎下叫“廿四崎脚”。这些地名现今都还在。

另一个水操台在今天的厦门港。实际上，在乾隆年间出版的《鹭江志》的地图上，就可以看到清清楚楚的“水操台”三个字。大致应该是在现在厦大操场靠近白城的海边。史书也有记载郑成功登上演武亭附近的水操台，指挥海面的战船演练。鼓浪屿的水操台，厦门大学的演武场，鸿山公园的嘉兴寨，老市区的洪本部、外校场、小走马路等许多地方至今还有遗址留存，成为郑成功将厦门建设成明末清初东南最大军港的历史证据，并令人凭吊怀想。

郑成功不仅把厦门建设为军港，更重要的是把厦门建设为商港，成为郑成功对外贸易的中心。

我们都知道，打仗靠的是金钱，没有经济后盾，战争是打不下去的。郑芝龙虽然积攒留下许多财富，但在他降清后，清军突袭安海大本营，掳掠了大量的财富。郑成功这时候必须要自己从头经营。除了重建厦门港口成为取代安海的大本营之外，他更要构建和经营自己的海上贸易网络。而闽南人的理念，要做海上贸易就要有自己可以获取高额利润的商品。但这个时候，闽南赖于开展海上贸易的商品发生了很大的变化。

支撑闽南海上丝绸之路的商品，除了丝绸，宋元时期主要是闽南泉州、漳州一带生产的青白瓷，其中以同安汀溪窑所生产的珠光青瓷为代表；明代则是以漳州平和一带所生产的来样加工的青花瓷——克拉克瓷为代表。

克拉克瓷高达 20 多倍的高额利润，让西方决心要生产出自己的瓷器。可惜历经失败，自诩技术最先进的欧洲人也只是烧出了“蓝陶”，且一碰就碎。于是，欧洲人在明万历后期派出了 3 个传教士到江西景德镇，偷窃了中国瓷器制作技艺。到崇祯年间，欧洲对中国瓷器的进口就逐渐递减。其后闽南瓷器的主要出口国成为东南亚国家，出口的产品也转为主要是民间的日常用品，利润大幅下降。这其实正是月港衰退的主要原因。

这时，闽南的能工巧匠用江浙的“湖丝”所生产的漳绸漳缎就成为闽南最重要的出口产品，所以郑芝龙才会把月港的“织户”迁移到安海。有资料显示，1641年郑芝龙从安海开往日本长崎的6艘商船，运载了生丝30,720斤，丝织品90,420斤，分别占当年所有中国大陆商船输入日本生丝和丝织品的24%和67%。

与此同时，另一种闽南人重要的农业加工制成品——蔗糖，开始成为对外出口的重要商品。我们从1633年以后荷兰人从闽南进口大量的蔗糖就可以看出。1637年2月14日的《热兰遮城日记》记载：“长官与商船的议会开会决议，要把平底船Rarop号运往巴达维亚的3,000包日本米卸下一半，尽量装上所能运走的糖，以便用这一艘船以及下次将从日本来的平底船Swaen号，把今年波斯需求的糖全数运去。”

荷兰人看到蔗糖有利可图，后来甚至引进闽南农民到台湾种植甘蔗，引入闽南的能工巧匠到台湾开设糖廍，榨蔗制糖，成为他们海上贸易的重要商品，荷兰人因此赚取了大量的利润。

同安遗留的榨蔗石碾底座

1636 年 11 月 26 日《巴达维亚城日记》记载：“在赤崁的地方，中国农夫缴交公司而运送日本的糖，白糖有 12,042 斤，黑糖有 110,461 斤，并且栽培愈盛，明年预定生产三四十万斤。”1650 年，台湾蔗糖产量达到历史的高峰，荷兰公司从中国农民手中购入的砂糖，大约有 352 万斤。

但是闽南海丝的安平时代非常短暂，1646 年郑芝龙降清，清军大举入闽，烧杀掳掠。闽南百姓奋起反抗，战火延烧，生灵涂炭。安平被清廷改名安海，郑成功又把海洋商贸中心放在厦门，从此厦门港就取代了安平港。

清顺治五年（1648 年）八月二十六日，清朝军队攻打同安城，屠杀同安军民两万余人。事后梵天寺住持无疑和尚率徒弟达因等 6 人，日夜背负尸首万余具，集中埋葬在同安大轮山东麓山坡，并建一座“无祀亭”为记。亭记称死者是遭了“八月红羊劫”，暗喻清军屠城事件。

后来有高僧恒信大师，在东溪西畔立碑，名“同归所”，刻石记事。现在这块碑还立在同安育才中学校门口的山坡上。后来这一片山坡就被称为“同归所”。

同安同归所

查清康熙同安县志《大同志》，明万历三十年（1602年），同安全县总共有人口49,903人，同安县城，恐怕也只有两三万人，而一次屠杀两万余人，全城几无一活口，全县死了近一半人。

清代、民国时期，每年农历八月二十六日，同安的民众均要在"同归所"碑前公祭"陷城祖"，即城陷时被屠杀的祖先。这成为古同安民间独特的民俗。

从此事件就可以窥见清初闽南人口的大量减少，也必然带来的生产力的大幅度下降。同安本是闽南甘蔗种植最多，蔗糖生产最多的地方，这时再也生产不出来了。

所以当郑成功撑起"反清复明"大旗的时候，闽南的生产力是最低潮的时候。他所需要的聪明智慧的闽南人民所创造的各种海上贸易的商品，从丝绸到瓷器，从铁锅到蔗糖，遭生灵涂炭的闽南人却再也生产不了了。

视野开阔的郑成功把目光投向了全中国，山海五路，陆海衔接的五大商行，正是在这种背景下被郑成功创造出来。它使厦门垄断和掌控了当时全国对外的海上交通贸易。这是厦门海洋历史文化一个伟大的创造。那些质疑"厦门是闽南文化发源地"的人，应该认真了解这一段厦门的历史。

郑成功在战火中创造的山海五路是一个布局精密的海上贸易网络。以当时东亚最大的思明为中心港口，将全国作为厦门港的腹地，金、木、水、火、土陆路五大商行设在京师、苏、杭、山东等处，负责采购各地商品；仁、义、礼、智、信海路五大商行设在思明经营东、西洋海外贸易。

海路仁、义、礼、智、信五大商行，每一字号统辖12艘商船，每艘商船每年缴交本息大约万余两；陆路金、木、水、火、土五大商行经营沿海与内地的贸易。此外，郑成功还建造船只出租收取船租和商税，视船只大小年收取1,000至3,000两不等的税金。同时通过发放商船牌照收取"牌饷"即保护费，每艘船视大小收取500至2,000余两不等的饷银。包括荷兰人，也只能乖乖地向他缴纳牌饷。再加上郑氏在京师、苏杭、山东等地的财物，以及由郑成功的亲弟弟掌管的在日本的产业，郑成功的家产可谓富可敌国。而如此庞大的家产，完全是通过海上经营积攒起来的。

郑成功父子是中国历史上打败西方殖民者，并认识到掌握海洋控制权、经营权重要性的第一人。明代长期实行禁海政策，将海洋控制权、经营权拱手让人。郑成功执掌郑氏家族时期，控制范围从滨海扩展到东、西洋的其他港口，除了郑成功直接控制的陆上五大商行、海上五大商行，军中各级将领还拥有各自的商船，构成庞大的贸易船队。在强大的海上武装保护下的贸易船队，牢牢地控制了中国大陆东南沿海以及东、西洋一些港口的对外贸易。郑成功称："夫沿海我所固有者也，东、西洋饷我所自生自殖者也，进战退守，绰绰有余。"窃据台湾的荷兰东印度公司首脑揆一一度对郑成功所属商船在台湾的商务活动进行刁难，郑成功下令各港口船只不得到台湾与荷兰人做生意。禁绝令下达两年，荷兰人贸易一蹶不振，不得不派人与郑成功谈判，以年输银5,000两、箭坯10万支、硫磺1,000担的代价获得贸易权。

史书称，郑成功的年贸易额达250万两白银，加上其他各种税收，一年收入据说能达到千万。

在这样的背景下，厦门港取代了月港、安平港成为中国其时最重要的对外通商口岸。

这样一支军队的后勤和中国最大的外贸通商口岸，对厦门的繁荣发展自然是很大的推动。除了造船、打铁、编索各项作坊之外，更是促成了厦门成为闽南最大的渔港。

当时厦门的渔船主要集中在筼筜港，故有筼筜渔火之称。乾隆《鹭江志》记："筼筜港，在城之北，长十五六里，阔四里许……一弯如带。中有小屿，曰凤屿……海利所出，日可得数十金，鱼虾之属，此为最美。”

筼筜港是厦门岛西部凹入的海湾，海湾口北面是现今东渡的狐尾山，南面在现今厦禾路口，西北直至江头，是今天筼筜湖面积两倍以上。整个港湾三面被陆地环抱，形成天然的避风港，闽南沿海的渔船常常来此避风、补给。湾内海水随潮汐涨落，满潮时波涛浩瀚，飞帆片片；潮落后南北两岸露出大片滩涂，各种海产极其鲜美。名叫“筼筜”，则因古时港边遍布大竹的缘故。

筼筜港南岸的尾头社就在伸入港中的美头山。原有百数十户渔民，从事内海捕捞和滩涂养殖，勤劳灵巧，生活日益兴旺，并取“里仁为美”之义，将社名改称美仁社。北岸牛家村与尾头社遥遥相对，位于狐尾山的西南麓，靠近港口，也是历史悠久的渔村。

除了这两个村落的渔民，还有海澄、龙溪来的疍民夫妻船也都齐聚在筼筜港。在当时的南岸现在的古营路边上有鱼仔市。鱼仔市是海产市场，兵营每日三餐少不得鱼虾贝类，几万兵将，还有造船、打铁工匠，光是南北两岸两个渔村，哪里能够满足得了？于是闽南各路渔船云集，形成后来的内港、外港、外海三路渔船帮。各路渔获在此都能卖出好价钱，消费形成了市场，市场催生了厦门渔港。

就这样，郑成功开创并奠定了厦门作为军港、商港、渔港三港合一的格局。同时，厦门也为他跨海东征，收复台湾，书写历史辉煌篇章奠定了坚实的基础。

清顺治十八年即南明永历十五年三月二十三日（1661 年 4 月 21 日），郑成功率领 300 余艘战船、将士 25,000 余人从思明出发。四月初一从鹿耳门航道直趋禾寮港登陆，攻占赤崁城（今台南）。四月初四，郑军对“热兰遮城”（今安平）实行围困。郑成功派翻译进城告知荷兰人：“此地非尔所有，乃前太师练兵之所。今藩主前来，是复其故土。此处所离尔国遥远，安能久乎？”据荷兰人的档案记载，郑成功认为：台湾岛“向是属于中国的。在中国人不需要它的时候，可以允许荷兰人暂时借居。现在中国人需要这块土地，来自远方的荷兰客人自应当把它归还原来的主人，这是理所当然的事”。

闰七月，郑军在“热兰遮城”外的海上击败从巴达维亚前来增援的荷兰船队。十二月十三日（1662 年 2 月 1 日），荷兰东印度公司驻台湾“总督”揆一宣布投降，双方签订 18 条谛和条约。

荷兰人投降雕塑

郑成功收复台湾之后，将赤崁定为东都明京，设承天府和天兴、万年二县。可惜，就在他准备以台湾为根据地大展宏图时，却不幸英年早逝。清康熙元年即南明永历十六年（1662 年）五月初八，郑成功在台湾病逝，时年 39 岁。

海洋活动开拓了郑成功的视野，使其具有放眼世界的眼光和胸怀。他不仅善于与世界各国通商，让各国财富为我所用，而且善于吸纳世界各国的文化和先进的技术，壮大自己的实力。郑成功的军营中，有天主教的传教士，除了负责为军中的天主教徒布道之外，兼有传授天文、航海知识的任务；郑成功的军队以中国大陆东南沿海的猛士为主，但也有骁勇善战的黑人士兵、日本武士；郑军水师建造的战舰吸取了荷兰甲板船的优点，使用的火炮许多是从西洋诸国直接购进的。郑成功指挥下的水师在与清军、荷兰船队的较量中始终占据上风，长期掌握闽浙粤沿海的制海权，这同他开阔的视野、开放的策略是分不开的。

郑成功影响最为深远的伟大功绩是把中华文化全面播传到台湾。郑氏父子经营台湾 23 年，将汉文化全面地、大规模地在台湾播传，从此奠定了台湾文化的总体格局。

郑成功是在台湾建立中华行政体制的第一人，开府设县，将中原从秦王朝就开始确立的行政体制移植到台湾。在汉文化成为台湾的主导文化，并与台湾当地少数民族文化共同构成台湾文化的总体格局，成为中华文化的一个子系统的过程中，以郑成功为代表的郑氏家族做出了不可磨灭的贡献。

郑成功对台湾的开发和文化传播，也奠定了思明、厦门以及闽南和台湾永远割不断的渊源与缘分。

郑成功在思明，集合了四面八方而来的中国将士，跨越海峡，赶走了荷兰殖民者，收复了台湾，书写了中华民族历史辉煌壮丽的一页。

郑成功在思明，继承了父亲的事业，集合了山海五路的商船商队，走向大海，走向世界，成为世界经济全球化开端时代东亚第一人。

郑成功在思明，奠定了厦门军港、商港、渔港三港合一的港口城市大格局，中外文化开始在这里交融并蓄，奠定了厦门开放包容的性格和海纳百川的气度，奠定了厦门海洋文化最坚实的基础，成为厦门海洋历史文化一座耀眼的里程碑。

延平郡王祠

第二章　施琅与思明

第一节　施琅与水师提督

第二位使思明与海结下不解之缘的是清代水师提督施琅。

施琅，字尊侯，号琢公，明天启元年（1621 年）出生于福建晋江龙湖衙口，他的父亲施大宣，以讨海经商为生，后举家投在明总兵郑芝龙的麾下。施琅从卒伍，以战功擢升为千夫长、副将、游击将军。顺治三年（1646 年），郑成功发兵南澳，命施琅任左先锋，成为郑成功部下知兵善战的得力骁将。可惜不久，施郑失和，郑成功怒杀施父及其弟，施琅侥幸逃出，投奔清朝，先后被授为同安副将、同安总兵，康熙元年（1662 年），出任福建水师提督。

当时的清朝水师不谙海战，屡败于郑军。施琅大力整治军队，造船置械，选拔惯海者操练，使清军水师焕然一新，并夺取郑军所占的厦门、金门。施琅认为复台时机成熟，向康熙皇帝上疏提出先取澎湖，后图台湾的战略。可是他两次出海征讨台湾，均遇台风，无功而返，也因此被免去福建水师提督的职务。

1681 年，郑经去世，诸子争位，郑氏内部矛盾激化。清政府也在这一年最后平定了“三藩之乱”，能够腾出手来考虑平台的问题。康熙二十一年（1682 年）十月，已经是 62 岁高龄的施琅在李光地等大臣的力荐下，复任福建水师提督，领命东征。

1683 年，施琅挑选 2 万精兵，率大小战船 300 余艘，于铜山（今东山岛）挥师进发澎湖。郑军主帅刘国轩将郑军主力悉数摆在澎湖，还在要冲地点加筑炮城 14 座，沿海筑造高墙深沟 20 余里，安设铳炮，准备与清军决战。施琅采取灵活的作战方针，将清军分为三路，以左右两翼牵制敌人，主力居中直捣敌阵船队。经过 7 个多小时的激战，郑军水师几乎全军覆没。

施琅一战定澎湖，歼灭了郑军精锐部队，岛内人心大震。施琅并不急于进攻，而是建议朝廷“颁赦招抚”郑氏，以争取和平统一台湾，使台湾百姓免去刀兵之灾。郑克塽终于归顺清朝。

但康熙却认为台湾“弹丸之地，得之无所有，不得无所损”，准备放弃台湾。施琅闻之，立即呈上《恭陈台湾弃留疏》，大声疾呼“台湾一地，虽属外岛，实关四省之要害”，“乃江、浙、闽、粤四省之左护”，“弃之必酿成大祸，留之诚永固边圉”。更重要的是，荷兰“红毛……无时不在涎贪，亦必乘隙以图”。康熙采纳施琅的建议，台湾终于归入大清的版图。

施琅与郑氏有杀父之仇，但他入台后，不仅不杀郑氏一男，嫁郑氏一妾，还亲自为文，前往郑成功庙拜祭，建议康熙封爵郑克塽。施琅又请开海禁，废迁界，促进了海上贸易发展。

康熙封施琅为靖海侯，令其永镇福建水师。

施琅是清朝的官员，当然马上就把思明这个名字给废了。但是对于厦门，施琅却是郑成功最好的继承者。他按照郑成功定下的三港合一的格局，有力地推动厦门的建设，把思明与海更加紧密地联系在一起。

首先，施琅把福建水师提督衙门安放在思明。当时台湾只是福建省台湾府，福建水师提督是管辖福建、台湾、台湾海峡的。清治二百多年，厦门就有了一任又一任的福建水师提督，思明跟海、跟台湾海峡，就有了不解的缘分。水师提督们，也在思明留下了许许多多的遗迹、遗产、传说、掌故，并转化为厦门文史、厦门民间文学的宝贵内容。

现在厦门市公安局的大楼正是当年水师提督衙门所在位置，

民国时期这里改为漳厦海军警备司令部（又改称厦门海军司令部）。新中国成立后又在这里盖了工人文化宫，后又改建为总工

清代水师提督衙门旧址

会，再作为公安局。而今，提督衙门早已灰飞烟灭，不留痕迹。现在硕果仅存的就是一对被搬走的大石狮，是全国少有的存留至今的一品大员的石狮。狮子下面还专门雕刻一只仙鹤，那是清代一品大员的官补。

闽南人把码头称为“路头”。路延伸到水边、海边，就到了尽头。与路头紧紧相连的，河边是渡口，海边就是港口。厦门市开元路头连接鹭江道的地点，古时是海岸，有座码头叫“得胜路头”，又名“提督路头”，是福建水师提督的专用码头，内侧即提督街。清康熙二十二年（1683 年），福建水师提督施琅率师东渡，底定台湾，凯旋时就由这个码头登岸，所以有“得胜路头”的美称。

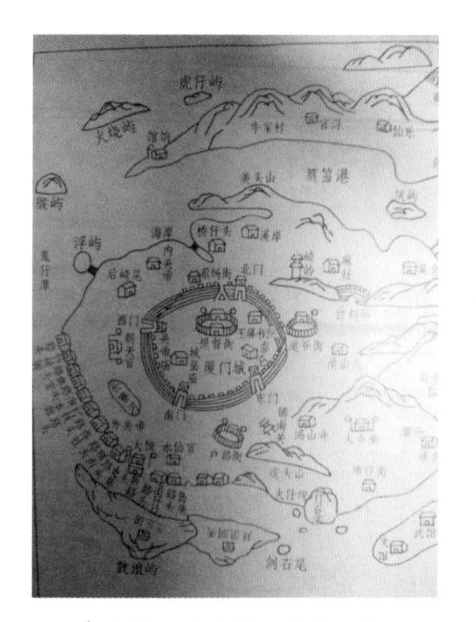

清代厦门路头图（见左下角）

万寿路口隔文园路对面是将军祠，原本有为靖海将军施琅和威略将军吴英建立的两座祠堂。如今将军祠已毁，但路名依然在。

将军祠路

传说，施琅领兵进取台湾，曾访问同安总兵吴英，邀请其相助。吴英向施琅提出：入台后勿报家仇、善待台湾百姓、与福建当事者言好以保障后援供给等建言，并得到施琅许诺。于是吴英从征充任先锋，帮施琅底定了台湾。后来吴英也官至福建水师提督。咸丰三年（1853 年），厦门小刀会起义，清兵与义军交战，施琅祠堂（施公祠）被毁，吴英祠堂和两座坊表也于“文化大革命”中被毁废了。

开元路的“土地公祖”，据说是厦门岛上最早的土地公庙，被尊称为“岐山古庙”（旧编开元路 94 号）。据庙内古碑记载，宋朝时候就有该庙。

开元路土地公祖巷

土地公祖巷内有万寿宫，相传吴英年轻时生活贫困，栖身庙中。一天，有位赖大妈到庙里烧香上供，突然看见从桌下伸出虎爪来抓三牲。她定神一看，原来桌下正是饥饿难耐的年轻人吴英。出于怜悯，赖大妈收他为义子，常常予以关照。后来吴英从军，因他体高足大，干娘缝制一双大鞋相赠。吴英感激干娘多年来的关照，将这双鞋收在怀中，一直舍不得穿。吴英身高体壮，被选为军队的旗手。有一次，清军战败退却，吴英忽然发觉腰间干娘赠鞋丢失，扭头便扛旗奔回寻找。将士们看见大旗回奔，以为援兵到来，也跟着掉头冲锋。敌方以为中了清军的回马枪，纷纷溃散，反败为胜。吴英立了头功，受赏当官，其后身先士卒，屡立战功，累官至水师提督。他当官后便为赖大妈兴建大厝，厝前大埕就叫“赖厝埕”，即开元路中段大元路的旧路名。

原福建水师提督署厦门城南门（现古城东路和古城西路交界点）的街名即称衙口街，原为中华路，现皆归中山路。街东侧有南寿宫，主祀保生大帝吴真人和天上圣母妈祖。南寿宫在当年修中华路时被迁移到了楼上，现今楼下小巷墙上还镶着一块石碑，是同治年间福建水师提督彭楚汉捐赠南寿宫、武圣庙、南普陀、虎溪岩、朝天宫、火神庙各庙香火的碑记。

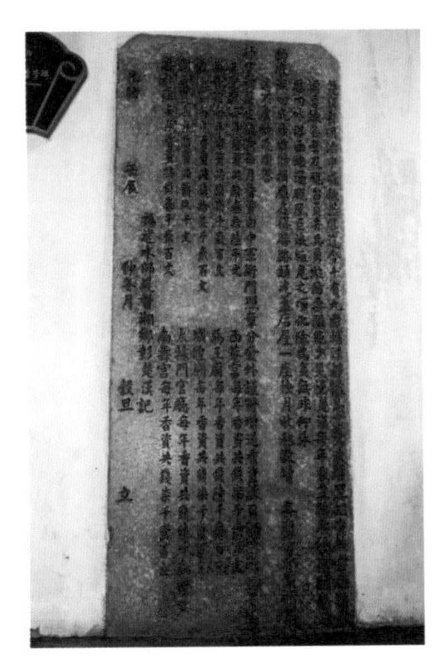

水师提督彭楚汉碑记

鸦片战争战死在吴淞炮台的江南提督陈化成，是同安丙洲人，也在厦门当过福建水师提督。中山路南侧距桥亭街不远即仁安街口，该街通草埔巷，门牌 9 号为陈化成故居。

陈化成故居

总之，施琅及其后的水师提督与思明都有诸多的渊源。这些守卫大海的将军及其所率领的士卒，每一位都给思明留下了海的辉煌，海的壮烈，海的悲怆；也往往勾起思明人对海的思恋与惆怅。

福建水师提督衙门在此，属下的各个衙门，当然也都跟着安在了思明。

中府衙是福建水师中营参将署的俗称，现为华侨大厦所在地。

在西门观音亭北面有右营游击署。康熙二十二年（1683 年）漳浦人蓝理曾任游击驻此，随后他跟随施琅进取台湾，在澎湖海战中，腹被刺破，还拖肠血战，立下战功，官至福建水师提督。还有孙全谋于乾隆四十四年（1779 年）也任游击驻此。其后台湾林爽文起事，全谋随福康安渡海平乱立功，官至广东水师提督。

在洪本部路头还有左营守备署，在西门外双莲池有游击署，在西门外打锡巷有右营守备署，在西门外岐西保有前营游击署，在西门外关仔内有后营游击署，在南门外局口街有后营守备署，在城外碧山岩有前营守备署，在城外祖婆庙边有中营守备驻防浯屿公馆。可惜，现今大都只剩下路名，有的甚至连路名也没有了。

水师提督管辖下的金门总兵在厦门港渔仔市建金门公馆，南澳总兵则在凤凰山前建南澳公馆。此外，还有同安县使用的同安公馆，五营官员使用的五营大公馆。

这么多海军将官和他们的士卒集中在厦门，战舰的修造维护，以及种种后勤也全都集中在厦门，厦门作为捍卫东南沿海、海峡两岸最重要军事港口的地位大大增强。

不仅军事部门，各级地方官署也纷纷设在厦门。

康熙二十五年（1686 年）泉州海防同知移驻厦门，在碧山路不远的南路东侧，建立清代厦防同知署衙门。民国初年改为思明县政府驻地。乾隆三十年（1765 年）同知署内建有牢房 14 间，民国时期作为监狱，1930 年这里发生了轰动全国的破狱斗争。

现今，海防同知府和思明县政府已经不见踪影，但留下了监狱，成为纪念破狱斗争的文物保护单位。

厦门破狱斗争遗址

施琅收复台湾后，康熙二十三年（1684 年）四月，清朝廷设立台厦兵备道督查台湾、厦门事务。台厦兵备道在厦门、台湾都设有公馆，一年住厦门，一年住台湾。台厦兵备道在厦门的公馆，设在厦门港，时称台湾公馆，所在地亦称公馆巷。

43 年后，清雍正五年（1727 年），台厦兵备道撤销，改设台湾道，台湾公馆就改为负责为过台船只配送军需民用物料的场所，公馆之前停靠船只的码头，称“料船头”。码头位置就在今料船头路。公馆改成配料馆，路名也相应地改为配料馆巷，至今犹存。

配料馆巷

同年在厦门的柳树河建造兴泉道署，后来又加上永春州，即兴泉永道，地址就在今中山公园南门边厦门少儿图书馆，原来的厦门市政府所在地。

兴泉永道旧址

这么多官员、衙门、兵卒，再加上前来办事、批文的，厦门的商业还能不大大兴盛起来吗?

这么多人要吃要喝，对鱼虾贝类各种水产需求大增，这就推动了思明的渔仔市也在清代开始兴盛起来。除了筼筜港边的渔仔市，厦门港也兴起了更大的水产市场。从九龙江、厦门湾各路来的渔民，甚至泉州湾崇武来的渔民、渔船，都纷纷靠泊厦门港，推动了厦门水产市场、水产加工、水产技术的发展。

更重要的是，施琅颁布了渡台三禁令：一、大陆来往台湾必须办理批准手续，只准从厦门、台南两个港口对渡；二、不准携眷渡台；三、不准外省人（当时台湾属福建省）赴台。

厦门被定为唯一的闽台通行口岸，这个规定，整整执行了将近一百年，到乾隆年间才又开放了泉州蚶江和台湾鹿港、淡水和五虎门的对渡口岸。

闽海关自然也放在厦门，就设在养元宫边上的户部衙（通奉第巷口），直属户部管理，下设四小关。据乾隆年间的《鹭江志》记载，一在厦门港的玉沙坡，专门稽查金门、烈屿、安海、浯屿、岛美等渡口货物；一在鼓浪屿后，稽查漳州、石码、海澄及漳州所属各渡口货物；一在东渡牛家村，稽查同安、内安、澳头、鼎美等渡口的货物；一在石码街，稽查龙溪、漳浦等处往泉州的货物。

这一百年里厦门作为“通洋正口”，占尽了政策优势，所有的“台运”全部都集中到了厦门。当时台湾粮食有余，每年要运八九万担到福建来，供给驻军及其家眷。闽台两岸的官兵每年要对调。航运紧张的时候，甚至要征用渔民的船和民间的商船来从事台运。道光年间的《厦门志》记载：“厦门商船对渡台湾鹿耳门，向来千余号。配运兵谷、台厂木料、台营马匹、班兵、台饷、往来官员、人犯。海外用兵所需尤胜。”

当时鹭江上樯桅林立，每年关税收入占全省第一位。厦门城市的发展也随着海峡两岸贸易的发达而兴盛，大批商人、水手、码头工、造船工匠从外地涌入厦门。道光初年，厦门城市人口已达 14 万人。

现在思明的厦港街区有省电力疗养院，其周边一带即为当年的玉沙坡厦门港口，是对台运输最重要的港口，也是闽台官员兵将往来最主要的港口。史载：玉沙坡，环抱如带，长数百丈。沙白如玉，潮涨潮退，毫无所损，每有商船出港，取沙数百石压舱，终岁不绝。

当年在玉沙坡边上，有海关、接官亭，还有风神庙、朝宗宫。可惜，玉沙坡在20世纪初厦门海岸码头建设的时候，都给填平了。20世纪20年代在这儿建了厦门第一座发电厂——厦港发电厂。20世纪80年代，电厂停产后又改为省电力疗养院。

玉沙坡旁边原来还立一石壁上面刻有“打石字”。船入厦门港，一眼可见。据说是明防倭时，李逢年在厦门港修筑炮台时镌刻，上有其费用及人名。“打石字”三字每字有二尺许，如大幅古字悬挂高崖，在厦门老照片上还可以看到。石壁现在当然是不见了，只留下配料馆、料船头等地名作为历史的记忆，聊慰厦门人的乡愁吧。

施琅又一个贡献，就是对妈祖信仰的推崇。

明代朱元璋定下的水神是玄天上帝。郑成功一直把玄天上帝作为自己的保护神，并认为自己就是玄天上帝转世。最早的《台南县志》记载，台南在郑成功时期，有七座玄天上帝庙和七座关帝庙，还有观音庙，但没有提到妈祖庙。

施琅平台时，就抬出了妈祖，和玄天上帝对抗，把妈祖作为清军的保护神。平台后，他向康熙皇帝申请，将妈祖从天妃升格为天后。从此天后妈祖成为海峡两岸官祀的神明。

思明东路北侧有座朝天宫，又称“上宫”，供奉妈祖，历史悠久。原本只是民间供奉的小庙，施琅平台后重修并扩建，成为大天后宫。雍正四年（1726年）福建水师提督蓝廷珍上京陛见，奏称出师平定台湾朱一贵之乱，大军得到妈祖之神庇佑，恭请皇上给予褒奖。雍正帝应允，便御笔题写了“神昭海表”四字。蓝廷珍将题字雕制了三方匾额，一方挂在厦门朝天宫，一方送到湄洲祖庙，还有一方挂在台湾府西定坊的天后宫（现台南大天后宫）。“神昭海表”御书匾遍布海内外，而以厦门朝天宫为嚆矢。

朝天宫边是林氏大宗祠，妈祖林默娘在列祖列宗之前属小字辈，不宜高坐，所以这里供奉的是妈祖立身雕像。庙中的千里眼、顺风耳神像也很有艺术价值，可惜和庙宇一起被毁了。现为思北小学。

思北小学

妈祖信仰正是从施琅平台以后，在他和历任福建水师提督的大力推动下，风行两岸并远播海外。也因此给思明和台湾，奠定了一个香火传承、民心相通的文化交流平台。

施琅对思明还有个大贡献，就是把相当多从台湾迁回的郑成功部将及眷属安置在思明。

郑氏集团驻扎厦门岛的时候，许多官兵就把家安在了厦门，不少人原来在厦门就有自己的田园。施琅平台后，大批郑氏集团归顺的军队及其眷属都被迁回大陆，其中有相当一部分被安置在了厦门。因此在平台之后，厦门的人口剧增，郑氏集团的官将士卒占了一定的比例。

这一举措，使得厦门人对郑成功的怀念和崇敬世代相传。厦门继承郑成功的遗志，有了最根本的人脉基础。清朝统治 200 多年，厦门势力最大的郊商郊行就是信奉水仙王，而把清军的保护神妈祖只作为陪祀。清朝一灭亡，厦门人马上把厦门重新命名为思明。

看来，当年那位老者所说的，思明，思尽即止，也不全对。

思，成为民心所向，成为人民的梦想，就会化为力量，总有一天，可以实现。

思明与台湾，是思明海洋历史文化非常重要的一个方面。施琅及其后的水师提督们，继承了郑成功收复台湾，祖国统一的遗志，在海峡间往返穿梭，奠定了海峡两岸千丝万缕，割不断、切不了的历史文化渊源。

当然，施琅不仅奠定了厦门作为对台第一港口的地位，也奠定了厦门作为清、民国时期东南第一大港对南洋海上交通贸易的重要地位。

第二节　思明走向海洋的艰辛

施琅是郑成功的部下，他深谙郑成功海上经营的秘诀。他对闽南人所传说的“台湾钱淹脚目”，深信不疑。他向康熙皇帝报告，凭借台湾肥沃的土地和一年三熟的稻米等农产品，台湾很快就可以自给自足，并可借以推动与大陆之间的贸易，特别是能够解决福建闽南人多地少粮食缺乏的问题。施琅成功地让康熙皇帝改变了放弃台湾的念头，而且奠定了接下来海峡两岸贸易繁荣的基础。

与此同时，他也对明清的海禁给闽南百姓带来的痛苦，和隆庆开海给闽南人带来的富裕深有体会，努力敦促朝廷开放海上的贸易。他积极主动地促成了 1684 年福建海关的建立，同时他非常清楚朝廷保守派随时都企图对海上贸易进行限制，因此先发制人地提出了一项保护海上贸易顺利发展的计划。

康熙二十四年（1685 年）施琅奏报，海禁解除后的第一年前往海外的洋船，就已经不计其数。

根据日本的资料，康熙二十三年（1684 年）开海禁这一年，到达长崎贸易的中国商船仅 24 艘，第二年就增加到 85 艘，第三年又增加到 102 艘，第四年再增至 115 艘，到第五年已增加到 193 艘，五年之内增加了 8 倍之多[1]。这其中从厦门出发的商船，占有相当的比例。对东南亚的贸易同样相当可观。

不过施琅从其中发现了问题：这些船大多只携带少量的资金和货物，但载有许多移民！施琅提到其中的一艘船，1685 年从厦门驶向吕宋，仅仅运载少量货物，但却超载有 133 名乘客。

这种情况主要是由于当时绵延将近半个世纪的战乱刚刚结束，闽南根本就拿不出什么商品来开展海外的贸易。同时百姓处于水深火热中，当然希望到新的天地去开拓。

施琅担心被保守派抓住把柄，采取因噎废食的办法，继续他们的海禁主张，因此如实把问题上呈朝廷，并抢先建议：建立统一系统来管理海洋事务，如发放商船许可证，控制非法向国外移民，建立沿海贸易和南洋贸易的规则。对南洋贸易，他建议应该限制洋船的数量，仅允许有经济能力的民户建造较大尺寸的船只，邀请行商投资，或者从多处发展托运业务。控制的目的在于增加每艘商船的资本，以便海外贸易可以集中于资本雄厚的大船，并降低非商人出海的比例。他的建议被朝廷批准。随后的几年，建造船只和远洋航行的许可只授予富裕的申请者。

施琅的《靖海纪事》还记录了他在 1695 年的奏折中向朝廷提出，保证海上贸易持续下去的最好办法，是提出某种形式的自我约束，并减少非法活动的概率。有了这些控制措施，清廷就可以对海上贸易的增长放心，也就不会再有海禁。

但是施琅死后，康熙五十六年（1717 年）又开始实行了海禁。

施琅培养的许多水师提督和后来的许多闽南官员，继承了施琅开放港口、走向海洋的理念，不断地影响并推动清廷开放厦门

---

①大庭修：《日清贸易概观》，《社会科学辑刊》1980 年第 1 期。

港口的海外贸易。其中最杰出的有水师提督姚堂、蓝廷珍、许良彬，同安人陈昂、陈伦炯父子，漳浦人蓝鼎元、蔡新。当然还有闽浙总督高其倬。

姚堂是漳州漳浦人，水师出身，康熙六十一年（1722年）任福建水师提督。这一年，有个老朋友许良彬，买了个同知的头衔，来到姚堂的帐下，协助他镇压了在福建内陆躲藏的台湾造反派。

许良彬（1670—1733）是漳州海澄人，自幼苦读圣贤书。但家乡到处都是出海或下南洋的人，加之战乱不断，他很快就对军事和海洋产生了浓厚的兴趣，并不时随同家乡的父老兄弟出海远航。在一次去南洋的旅途中，他仔细调查了外国的情况，并学到了丰富的航海知识。于是他在广州开始了自己的生意，凭借与南洋诸国头领的联系和良好关系，他迅速成为一名成功的商人。当然如同闽南所有成功的商人一样，他和官员，特别是海上水师的官员们关系都非常密切。而他对外国和海洋事务的了解，也使得保护他的官员们对他极为欣赏。因此，姚堂一上任就把他网罗到了门下。这时正是康熙末年的海禁时期，他的生意当然也得到了姚堂的许多保护。

三年以后，雍正三年（1725年）漳浦人蓝廷珍接任姚堂的水师提督。蓝廷珍对许良彬更加欣赏，向雍正皇帝举荐了许良彬，称赞他长于海洋事务，了解外洋的情况，并请求皇帝将他任命为福建水师的官员。而被后世称为“两代帝师”的漳浦人蔡新的父亲蔡世远这时正在朝廷供职，也帮忙说了好话。雍正帝于是召见许良彬面试，十分满意，立刻任命他为水师参将，很快又提任总兵，并于雍正七年（1729年）接任蓝廷珍成为福建水师提督。

根据《厦门志》的记载，厦门是在雍正五年（1727年）解除了海禁，重新开始对海外的贸易，其后对海外的贸易就一直蓬勃地发展。后人普遍认为，许良彬作为一位南洋贸易专家，卓有声誉的商人，而不是一位职业的军人，来担任福建水师提督，这与他任职期间和之后厦门的沿海贸易迅速增长，对南洋的贸易迅速恢复并快速增长，当然是有密切关联的。这是一位对厦门港口的开放和清代闽南海洋历史文化的推进有重要贡献的人物。

陈昂，字英士，世居同安高浦（今杏林高浦）。自幼习武，武功高强，尤精剑术。清初，陈昂一家迁到灌口，父亲和兄长相继去世后，为侍奉寡母维持生计，陈昂只好辍学，在海上经商。他频繁冒着惊涛骇浪乘木帆船往来于南洋，沿途各地的地理状况、风潮规律、民俗民情，他都了如指掌，因而成为一名航海和南洋事务的专家。

康熙二十二年（1683 年）施琅准备东征台湾，张榜闽南一带征招熟识海道者，陈昂成为施琅幕僚。当时多数人都认为海战须乘北风，唯独陈昂以其多年海上的经验提出异议，认为“北风剽劲，人力难以驾驭，船行不便。不如等风向转变，南风一到，可按队而进”。

施琅赞同他的观点，并了解到他丰富的海洋经验，从此将他作为最重要的幕僚，参与商讨军机大事。

收复台湾后，因为对南洋事务非常熟悉，陈昂被施琅派到东洋和南洋 5 年，主要目的是搜寻郑氏余部，但也使他对海外有更深入的了解。这一任务完成后，他就转任水师的官员，不断升迁，一直到总兵，后来又成为广东右翼副都统。

到了康熙晚年，有人上奏朝廷说，“近几年五谷丰登，但米价依旧长贵不跌，都是海外商人到此抢购的缘故”。康熙五十六年（1717 年）重启海禁，下令闭关禁止南洋的贸易。

陈昂深知家乡依靠土产销售和南洋贸易为生的父老乡亲的生计将无以为继，对于真实情况不为朝廷所知，深感失望。这时他已得了重病，病中给朝廷写下了一份奏折。他说，他年轻时曾去过南洋各国，那里的人民也熟悉耕种，也以此谋生，并不依赖从中国进口的谷物。如果国内某年不幸遭遇灾荒，我们反而得依靠海商从南洋购买粮食以解本国之急。如今我朝闭关，南洋贸易一概断绝，各地土产堆积难销，沿海一些以此为生的百姓将无法维持生计。

奏折还没有呈上，陈昂病逝，享年68岁。这本奏折在他去世后交给了康熙皇帝。皇帝为陈昂的真诚所感动，最终部分放宽了海禁。

他的儿子陈伦炯（1683—1747），字次安，号资斋，从小听父亲讲海上的经历，跟着父亲走南闯北，对海洋、海防、海商、海盗和航海了如指掌。父亲在浙江供职时，他去了趟日本，这一次旅行更新了他对晚明海盗问题的认识。在康熙朝的最后几年，他担任皇上的贴身侍卫。有一次，康熙皇帝突然问起一些南洋的情况，他对答如流，和地图所标示的完全吻合。皇帝对他的军事和海洋专业知识印象深刻。康熙六十年（1721年）他在台南首次就任参将，两年后升为副将，而后升为总兵，转任于澎湖、台湾和广东。

在广东期间，他每天都能遇到从外国来的商人，他研究他们的海关、书籍和地图。有了这些信息再加上原来的海洋知识，他在雍正八年（1730年）完成了《海国闻见录》的编撰。这本书记录了台湾及附近岛屿和东海、南海的自然人文地理状况，收录《大西洋记》《小西洋记》《东洋记》《东南洋记》《南洋记》《南澳记》《昆仑记》及《天下沿海形势录》，介绍了丰富的海洋事务、物产和贸易的知识，是一部有较高史料价值的著作，广传于世，被后人不断引用，成为当时和后来海商、海防官员重要的参考书。对我们今天了解那一段的海洋文化非常有参考价值。

乾隆七年（1742年）陈伦炯升任浙江提督，五年后解职还乡，第二年过世，享年63岁。

陈昂和陈伦炯父子都非常关注厦门港的开放，关心海商的利益。他们在任职期间致力于改善海洋贸易的环境，为闽南海洋历史文化的发展做出了出色的贡献。

从跟着施琅收复台湾，在澎湖拖肠大战的蓝理开始，漳浦的蓝氏涌现了一个又一个的杰出人物。蓝鼎元（1680—1733）就是其中堪称历史贡献最大、最杰出的一位。他幼年父亲就过世了，家境贫穷，但他学习刻苦，年轻时就已成为饱学之士。他专注于改善国计民生的实学。那时蓝氏家族杰出的军事人才辈出，蓝鼎元无疑也具有军事的专长，但他却无意从军，也没有做官的兴趣。因为父亲过世，他认为自己有义务照顾母亲和祖父母。

他在17岁的时候，开始专注于海洋的研究，他当时到厦门观察周围的海洋环境，然后跟着船出海航行，从书本，更从实践学习，而且二三十年专心致志，持之以恒。到了康熙六十年（1721年），他四十刚出头，已经成为公认的台湾和南洋事务的专家。这一年，台湾朱一贵起义，席卷了整个台湾。他的族人，总兵蓝廷珍指挥入台镇压朱一贵的起义。蓝鼎元于是被聘为秘书和顾问。

蓝廷珍的部队仅用7天就打败了朱一贵，但平息整个台湾却花了整整两年。

这时朝廷开始又有人提出要将台湾所有的民众迁回到大陆，将岛上主要的军事机构迁移到澎湖岛，在澎湖建立新的前线。这一措施，显然就是放弃台湾。40年前施琅和朝廷争论弃留台湾的问题又重新被提起了。

在这种情况下，蓝鼎元以他对台湾和海上事务的丰富知识和深刻了解，重申了施琅之前提出的警告，认为台湾如果被抛弃，必将对国家的海防造成重大危险。他并以翔实的资料，描述了清朝统治不到40年的时间里，台湾农业和商业快速增长的蓬勃景象。他认为，台湾的蔗糖和大米生产对国家经济会产生重要的补益作用，通过和所有沿海省份的紧密商业联系，台湾必将成为国家经济网络不可或缺的一部分。因此他建议朝廷不但不能放弃台湾，而且应该立刻加强岛上的治理。他支持《诸罗县志》编纂者陈梦林（也是漳浦人）提出的建议，认为在诸罗（今嘉义）的北部，应建立一个新的行政区，以鼓励更多的人在此开拓和定居。雍正皇帝执政以后，接受了这个建议，设立了彰化县和淡水厅。

他更大胆地提出，官府不应对来往于厦门和鹿耳门之间的商船额外征税，并建议应该允许商船携带一定的武器。他认为，通过武装商船，沿海久拖未决的海盗问题就可以迎刃而解。他强调说，所有商船都是民众的私有财产，他们绝不愿意以身家性命冒险卷入非法活动。特别是他们在出发前已经签押担保，官府应该相信那些信用良好的保人。

蓝鼎元的《平台纪略》后来被列入《治台必考录》，成为后世治理台湾的重要参考。

雍正二年（1724 年），蓝鼎元被推荐为翰林院编修，第二年参加编撰《大清一统志》。雍正六年（1728 年），雍正皇帝召见了他，蓝鼎元向雍正皇帝递交了长达五千字的关于治理台湾的六条建议，得到了皇帝的欣赏和认可。同年，雍正皇帝颁布了关于洋船可以携带武器的法令。

蓝鼎元对海洋的认识并没有局限于台湾，他在 18 世纪 20 年代初就刊印了《论南洋事宜书》，比后来“睁眼看世界”的洋务派先驱早了一百多年，堪称中国人最早放眼海洋、了解海洋的智者。

蓝鼎元对海洋的洞悉和深刻认识，使他的文章没有局限在海外贸易本身，而是全面检视和评估了影响国内外活动的贸易环境。他的论述大致为三个方面。

第一，中国海洋海防安全未来的威胁，在于日本和西方海洋力量（这是鸦片战争发生 120 年前就发出的警告，具有惊人的远见！）。这里的西方包括荷兰、英国、西班牙和法国，他们的侵略在南洋的活动中昭然若揭，必须高度警惕，严加防范。相反的，南洋国家国力衰弱，无力制造麻烦。既然西方人被允许在广州和澳门传教和贸易，与日本的贸易也未被禁止，为什么中国与南洋人民的贸易要被禁止呢？

第二，海禁的一个理由是担心中国的木材和大米会走私到南洋，并担心去南洋的洋船会诱发更多的海盗。蓝鼎元嘲讽这些理由是建立在对实际情况完全不了解的主观臆想上，根本不成立。南洋国家有更优质的木材，制造的船舶质量更好，尤其是大米大量过剩。南洋没有从中国走私过木材和大米，反而其优质木材和大米会进口中国。

至于洋船增加了海盗出现的概率，同样也是对实际情况完全不了解。中国的海盗只在近海活动，他们的目标是沿海的商船，而不是去南洋的船。

第三，从消极方面讲，海禁剥夺了沿海百姓的生计。因为失业，他们中很多人跑到台湾成为盗匪，台湾的起义就是海禁和对海上贸易的苛捐杂税所致。从积极方面来看，如果允许人民自由贸易，“以海外之有余补内地之不足”，再以中国的土产，其中很多在中国是廉价或生产过剩的，如粗瓷，可以作为珍稀品卖到海外。所有本地的手工业品可由商人收购后销往海外市场。这不但解决了沿海民众的生计，也可以给国家带来税收和财富。

这不就是我们今天提倡的大进大出，改革开放吗？

这种眼光，这种胸怀，如果被当时的统治者所充分认识和接受，中国或许也不会有鸦片战争。

蓝鼎元当然也看到了这一点。他在文章中尖锐地批评那么多支持海禁的官员们，是“以井观天之见”。他指责他们不了解实际情况，也缺乏实际的经验，不学无术，不思进取。他指出福建本地有许多没有官衔的学者们，真正了解海洋，了解海洋事务，但他们却没有被咨询意见。

后世评价蓝鼎元这篇文章，称其为19世纪前该论题上最佳文章。

中国不是没有了解海洋文化的人，他们大多集中在东南沿海地区，处于国家统治的边缘。天高皇帝远，人微言轻，他们对海洋的认识总是难以被统治者倾听和认真对待，这是中国历史的遗憾。

从康熙五十六年（1717年）到雍正五年（1727年），虽然有许多人给朝廷提建议，请求解除海禁，但康熙晚年已经被诸子争储搞得头晕脑涨，根本无暇顾及。雍正皇帝上台后虽有意解禁，但因为是父皇的旨意也不敢轻易就改动它。一直到雍正五年才接受了闽浙总督高其倬呈请重开南洋贸易的奏折。厦门港也得以在这一年重新正式开始对南洋的贸易。

对比蓝鼎元的文章和高其倬呈请重开南洋贸易的奏折，可以清楚地发现，总督的论述和信息几乎都是基于蓝鼎元的建议。蓝鼎元对于解除海禁的贡献后世是一致肯定的。

虽然厦门港对南洋的贸易被禁了10年，到雍正五年（1727年）才解禁。但是康熙五十六年（1717年）开始的海禁令仅仅是部分限制，对于厦门港国内贸易是没有限制的，甚至对外贸易也没有被完全禁止。与日本、琉球群岛和安南的贸易仍然得以继续，外国的船只，包括英国、荷兰等国的船舶仍然被允许停靠在厦门港，只有闽南的商船与南洋贸易是非法的。不过闽南从官方到民间走向海洋的力量是如此之大，事实上商家总是以到澳门或安南为借口，出洋后便转道航行到暹罗或巴达维亚，而官员也只是趁机敲诈更多的钱财和积攒更多的人情。

当然开禁对厦门还是非常有利的，第二年厦门就成为福建官方指定的中心港口（总口），所有从福建出发驶往海外港口的帆船，都必须以厦门作为出发港和返回港。这样厦门港就名副其实地进一步巩固了福建海外贸易中心和东南第一大港的地位。

对厦门港海外贸易和中国走向海洋做出杰出贡献的，还有一位漳浦人值得一提，他就是蔡世远的儿子蔡新（1710—1799）。他于1736年得中进士，第二年被任命为翰林院编修。他的学问让饱读诗书的乾隆皇帝印象深刻。

1740年印度尼西亚发生红溪惨案，荷兰殖民者在巴达维亚对华侨进行惨无人道的大屠杀，引起了清廷关于是否要重新海禁的激烈争论。内阁学士方苞知道蔡新不仅是饱读诗书的学者，而且他经常倡导实事求是解决问题，特别是他来自闽南的海滨，对海洋、海商十分了解，于是专门咨询了30岁的蔡新。

蔡新提出了翔实的数据反对海禁。他说，如果海禁，将使闽南海商所拥有的不少于110艘，价值500万到600万两白银的专营南洋的洋船完全报废。还有他们收购堆积在厦门和广州的价值几百万两白银的货物也将蒙受损失。大约有1000户以上以海为生的人家将无法维持生计。所有这些都会在实施海禁后立刻发生。更严重的是，几年之内海禁将彻底摧毁福建广东浙江沿海，甚至危及内陆更多省份的经济和人民生活。因此，绝对不宜海禁。乾隆七年（1742年），朝廷终于宣布海外贸易照常进行。

上述几位，施琅是晋江人，其他几位是漳州人，除了陈伦炯父子是同安人（严格来讲也不是厦门城内人），但他们都为厦门港走向海洋做出了不朽的贡献。还有主撰《厦门志》的兴泉永道周凯是浙江富阳人，许多水师提督也是外地人，他们对厦门港的开放和发展都有不可磨灭的贡献。

第三章　清代前期厦门港构建的海丝经济链条

第一节　海洋文化引领的农耕文化

闽南先人们构建海洋文化，首先是从海上交通贸易的经济链条开始的。海上丝绸之路基本的经济链条有四个环节：港口、商品、船舶、海商。

当厦门港在郑成功、施琅等先贤的努力下，以其先天的自然环境和区位优势，成为海峡两岸、祖国东南最大的港口之后，拿什么来作为出口贸易的商品，就成为构建厦门海上丝绸之路经济链条的关键环节。

迁界碑（藏于厦门博物馆）

当1683年台湾海峡终于风浪平息，经历了明末清初近半个世纪的战争和清王朝的迁界政策的闽南，却是百业荒芜，百废待兴。拿什么来推动海上的贸易，成了最大的问题。

清顺治十八年（1661年）三月二十三日，郑成功率船队从金门料罗湾出发，收复荷兰殖民者盘踞的台湾。八月，清朝在闽浙沿海全面实行“迁界”，强令距海三十里以内，以及所有岛屿的居民迁往内地，企图切断郑氏政权与内地的经济联系。

清兵在执行这一“迁界”规定时，刀斧相加，限时限刻逼迫百姓离开自己的家园。稍有不从或迟疑，立刻处死。清兵然后洗劫百姓无法带走的财物，再一把火烧光所有的民居房屋。沿海三十里地是闽南最富裕的地方，顷刻间家破人亡，到处是断墙残垣。“至是上自辽东，下至广东，皆迁徙，筑短墙，立界碑，拨兵戍守，出界者死，百姓失业流离死亡者以亿万计。”①

清康熙二年（1663年）十月，清军攻占厦门嘉禾屿和金门岛。他们知道郑军的官兵长期在海上集体漂泊，除了少数随身携带的金银之外，大部分财物都收藏在岛上。于是，清兵将两岛，尤其是厦门搜了个遍，洗劫了难以计数的财富，而后将中左所城墙建筑夷为平地，岛上所有看得见的民居房屋拆毁一空。以至闽南当时有“嘉禾断人种”的谚语流传。

康熙二十二年（1683年）施琅收复台湾，第二年内迁的百姓才得以返回家园。但其中已有许多人因生活无着，饥寒交迫，客死他乡。闽南沿海一带仍是人烟稀少，生产力还有待恢复。施琅所面临的是相当严峻的经济形势。

所幸台湾收复，海峡安定。在艰难的条件下，闽南百姓依靠厦门港和历史久远的海上交通贸易，很快就构建起自己新的海上交通贸易经济链条。

---

①阮旻锡：《海上见闻录》定本，福建人民出版社，1982年，47页。

作为中国瓷器的最大需求方的欧洲，在此时通过偷窃和“山寨”中国瓷器制造技艺，已经烧制成功欧洲第一代瓷器，并开始将其规模化、商品化，从而断绝了闽南人通过输出瓷器赚取西方外汇的传统渠道。但极富商业嗅觉的闽南人，充分利用厦门港的优势和厦门港的腹地经济，成功开发出茶叶、糖、龙眼干等新商品，既解决外销商品匮乏的窘境，又通过劳动密集型经济的开发养活了更多的百姓。同时在航运上，通过改良同安梭船，使得大宗物料在南海的航行更加安全可靠。

闽南在宋代就开始引进甘蔗种植榨糖，并在明代创造了白糖的制作方法。前面我们已经说到，郑芝龙时期蔗糖已经成为闽南重要的海丝商品。这时重返故地的闽南人就开始重新在狭窄的土地上大做茶、糖、果的文章。

闽南海洋文化之所以能够以勤劳智慧创造的商品来开展公平的海上贸易，最根本是在于其有着源自中原的深厚的农耕文化的基础，并且创造性地以海洋所开拓的商品市场来引领农耕文化的商品化和市场化。

我国内陆传统农耕文化的最大特点就是自给自足。其生产的产品，主要用于自己的消费，而不是用于市场的商品。而闽南的农耕文化在海洋、海商的引领下，具有强烈的商品化性质和倾向。比如清代的同安农民，农田主要不是用来种植自己吃的稻米，而是大多用来种植卖给糖商的甘蔗。因为一亩地种甘蔗所得，是种水稻的数倍。

历史上同安的每一个村庄至少都会有一个榨蔗制糖的糖廍，收购农民的甘蔗制成蔗糖，然后用同安人创造的“同安梭船”载往东南亚，换取那里的暹罗米、仰光米、安南米。据说最成功的商人可以用一斤糖在那里换到十斤大米。清朝有不少文献记载了朝廷特许南洋的大米可以免税或减税进口到厦门。

同安早年的蔗林

福建八山一水一分田，人多地窄，粮食十分缺乏。为了安定民心，清政府不但鼓励从台湾进口大米到福建，而且对东南亚的进口大米减免税收。而厦门正是福建唯一，也是最大的大米进出口岸。

早年民间榨糖模拟情景

乾隆七年（1742年）九月，暹罗船商萨士率船队载米1.05万石及零星压舱铝铅到厦门出售，经闽海关监督沈之仁奏准免征船货税银。其后，署理福建巡抚周学健奏请“带来1万石以上者，免其船税银十分之五，带米五千石以上者，免其船税银十分之三”，得到乾隆皇帝的批准。这一减免大米进口税收的政策使暹罗大米商频繁来到厦门港贸易。他们带来的是大米，运走的是闽南的红糖、白糖。

仔细查一下那些申请免税的进口商，实际上很多是同安早年出洋的海商。

不仅仅糖，闽南的茶叶更在这一时期逐渐成为中国出口的主要商品。闽南的山地此时则遍山种植茶树，以安溪最为著名。许多安溪茶农甚至到武夷山包下山头，精心栽培、制作出口的茶叶。

闽南传统茶厂

由英国人威廉斯（S. W. Willianms）编写的《中国商务指南》一书中记载：“17世纪初，厦门商人在明朝廷禁令森严之下，仍然把茶叶运往西洋各地和印度。1610年，荷兰商人在爪哇万丹首次购到由厦门商人运去的茶叶。”曾先后担任北京、牛庄（现辽宁省营口市）、厦门海关通译的英国人包罗（C. Bowra），在他所著的《厦门》一书中写道：“厦门乃是昔日中国第一输出茶的港口……毫无疑问，是荷兰人从厦门得到茶叶以后，首先将茶介绍到欧洲去。”

郑成功控制厦门海上贸易，茶叶贸易的地位就进一步上升。由于此时西洋对中国瓷器，尤其闽南瓷器的需求逐渐下降。于是，除了丝绸之外，茶叶逐渐代替瓷器，成为海上丝绸之路的主要商品。曾担任郑成功储贤馆谋士的厦门诗人阮旻锡在《安溪茶歌》中就有写道：“西洋番舶岁来买，王钱不论凭官牙”，表明当时每年都有外国茶商到厦门采购茶叶，而茶叶价格则由郑成功设立的牙行来决定。

清统一台湾后茶叶外贸再兴起。厦门地处福建东南沿海，毗邻安溪，凭着得天独厚的地理环境，在海上交通兴起后逐渐成为我国对外贸易的重要港口。因此，到清代厦门港作为闽南海洋贸易的后起之秀，逐渐成为福建乌龙茶出口的主要集散地。甚至台湾的茶叶也必须先运到厦门港才能出口。

乾隆二十二年（1757 年）清政府关闭江浙闽三海关以后，广州成为全国海路唯一对西洋的外贸口岸，中西贸易只许在广州十三行进行。于是闽南的茶商纷纷跑到广州，甚至成为广州十三行的首席行商，领导十三行的对外贸易。

根据 16 世纪葡萄牙人的记载，嘉靖三十四年（1555 年），广州商业的利益被原籍属于广州、泉州、徽州三处的十三家商行垄断，所以十三行起源于明代，与葡萄牙人入据澳门有关。现今广州十三行博物馆展示，十三行的四大行首有三位祖籍闽南：泉州安海的伍家怡和行、同安白礁的潘家同文行、漳州诏安的叶家义成行。其中最著名的是伍家和潘家。

潘振承（1714—1788），字逊贤，号文岩，又名启，外国人

广州潘家遗存

称之为潘启官。原籍福建漳州龙溪乡，后迁泉州同安明盛乡栖栅社（今漳州龙海白礁村），自潘振承起寄籍广州番禺。潘振承早年家贫，后习商贾，壮年自闽入粤，从事海外贸易。曾往吕宋三次，贩卖丝茶发财。后来在广东为十三行陈姓行商司事，深受信任，被委以全权。陈姓行商获利归乡，潘振承就在乾隆九年（1744 年）开设同文行，承充行商。据说，潘振承开设的同文行“同”字取原籍同安之义，“文”字取家乡白礁文圃山之义，以示不忘本。他居住的地段定名为龙溪乡。今广州河南同福西路与南华西路之间，仍有龙溪首约、龙溪新街、栖栅街等地名。

乾隆二十五年（1760 年），潘振承联合九家行商在城外建立洋行，成为专营中西贸易的垄断贸易机构。这是十三行历史的一大转折，潘振承正是在这一转折中成为十三行商的早期首领。

当时行商最主要的交易对手是英国东印度公司。英国公司主要根据行商承销毛织品的比例来确定茶叶贸易额，多销英国呢绒、羽纱者，英国公司就多买他的茶。由于毛织品盈利很少，甚至亏本，一般行商都不敢多承销。潘振承则长期承销 1/4 到一半以上的毛织品，以便在茶叶贸易方面大量成交，获取巨利。为了维护很好的信用，潘振承对英公司每年从伦敦退回的废茶，都如数赔偿。乾隆四十八年（1783 年）同文行退赔的废茶达到 1402 箱。

另一位著名的十三行行首是怡和行的伍家。伍家原籍泉州晋江安海乡，康熙初入籍广东南海县。伍国莹曾受雇潘振承的同文行，后自己开办元顺商行。但起起落落，相当坎坷。乾隆五十三年（1788 年）他侥幸渡过破产的难关，把行务交二儿子伍秉均。秉均于第二年开创著名的怡和行，并在短短 11 年里将位居行商第六位的怡和行，跃升至嘉庆五年（1800 年）的第三位。可惜天不假人愿，1801 年伍秉钧病逝，行务转由三弟伍秉鉴承接。伍秉鉴只用了 9 年就使怡和行跃居首位。嘉庆十八年（1813 年）他成为十三行行首，一直到鸦片战争。美国人称他是当时世界首富。

广州伍家遗存

据史家考，在潘振承之前，雍正乾隆间的广州十三行行商首领还有一位原籍福建晋江的颜亮洲。他的先世在明代“避乱迁粤”，大约也是所谓的海上武装贸易集团首领，明朝政府抓得紧，就跑到了广东，入籍在南海。清初在广州开设泰和行商，后来成为公行首领。

所以虽然从乾隆二十二年（1757 年）到鸦片战争这 80 多年间，厦门港的对外贸易十分艰难，但是福建武夷、闽南的茶叶出口却始终没有停止，而且越做越大。福建的茶叶种植和生产技术水平，自然也不断在提升。

闽南茶园

龙眼干也是厦门港重要的出口商品，主要销往北路的上海、青岛、营口，有的还出口韩国。当时同安的山坡地、房前屋后，种满了龙眼树。家家户户都有“撸龙眼”的专用簸箕。许多人家都专门砌建烘焙龙眼干的“龙眼干灶”。还有些人，如同安顶溪头浯榕陈氏二房干脆跑到厦门开设“德丰”商号，专营龙眼干生意。他们在同安各地收购各家各户烘焙好的龙眼干，从刘五店等港口用船运到厦门商店，然后全体伙计、全家老少，有时也雇请临时工，手工将龙眼干去壳去核，涂上花生油，使其变成一瓣瓣心形的油光发亮的龙眼肉干。再精心包装好，由厦门港上船运往北路各港销售。

龙眼干灶

在厦门港海商的引领下，同安平洋地种甘蔗，制糖出口；山坡地种龙眼树，制成龙眼干出口；山地种茶树，制成茶叶出口。

这是闽南海洋文化引领闽南农耕文化，引领农产品的商品化、市场化的典型案例。

事实上，厦门港同时也对漳泉以及福建内陆的农耕产品具有商品化引领的作用，并非仅仅是同安。漳州的烟叶和水果、泉州的蓝靛和茶叶，都是在厦门港海商的引领下极大地提高了商品化的水平。

其中，漳州的烟草最为典型。烟草原本是南美洲的神秘物种，美洲土著用之于祭祀或当作药物。西班牙人占有美洲时，对于烟草颇有好感，许多人甚至也染上了烟瘾，于是他们将烟草种子带回欧洲及其海外的殖民地。

大约在明隆庆年间，西班牙人占据了菲律宾马尼拉，开始以之为基地和漳州月港商人做起了海上贸易。许多月港商人也跨海来到吕宋岛的马尼拉，并很快就跟西班牙人一样迷上了吸烟。这时西班牙人从南美带来的烟草已在菲律宾落地生根。西班牙人称之为“Tabacco”，漳州商人则称之为“淡巴菰”，闽南民间则称“醺”。直到今天，闽南人仍称烟为“醺”，大约是形容抽烟时烟气缭绕熏人，入迷者熏熏然忘乎所以。

这样美妙的东西当然要带回家，于是月港商人将烟草种子带回了漳州。从此，烟草以漳州为原点，迅速风靡全国。

漳州引入烟草后广泛种植，并精心加工，从开始的晾烟、晒烟到后来的烤烟，制作出名闻海内外的金丝烟。然后由月港出口到菲律宾再卖给西班牙人和华侨，晚清以后金丝烟盛行南洋各地。

引进来，种得比你好，加工比你好，再卖给你。这就是闽南海商和闽南农耕的智慧和优势所在。

所以，闽南海洋历史文化中的农耕文化与中原传统的农耕文化是不一样的。它以海商所开拓的海洋贸易市场为引领，以农耕人辛勤智慧的创造性劳动所制造的规模化的商品（不是自给自足的产品）参与海洋的商业活动，它是整个闽南海洋经济链条中一个不可或缺的环节，已经完全融入了闽南海洋历史文化之中。这是闽南人、闽南文化在明清时期，特别是清前期一个伟大的创造，也传承和巩固了闽南海洋历史文化最主要的特色。

因此，在今日重新审视中国海洋文化时，闽南海洋历史文化的发展轨迹和独具的特色便是辨识中国海洋文化的最好依据。

第二节　同安梭船

同安梭船是清代施琅收复台湾后，同安人为了载糖等商品出口，载回暹罗、仰光大米，在原有福船基础上改进创造的一种远洋木帆船。所以当时也被称为“米艇”。

福建的福船是五代、宋以后我国远洋船舶的优秀代表船型，不仅有大量的历史文献记载，而且有很多考古发现的福船，为古代的造船技术提供最宝贵、最确切的实物资料。如泉州湾出土的宋船，韩国的新安元船，近年南海整体打捞出水的“南海 1 号”等。这些设计精湛、性能优越的海船，曾驰骋于中国海、太平洋、印度洋，是我国海上丝绸之路重要的承载者。

宋船

（一）福船的主要特征

福船主要有以下几项特征：

1. 船形特点

尖底，两头高翘的船体造型。尖底，吃水深，稳定性好，易于破浪，减少水的阻力，抗风性强，可以增加航速，容易保持船体的平衡。船体的水平剖面呈前尖后硕的椭圆形，如水中浮游的水鸟，与西方帆船效仿的鳕头鲭尾、前硕后尖恰好相反。实际航行测试与现代流体力学，都证明中国人的这种仿效水鸟制造的船体，有利于减少阻力，稳定性强，最能发挥航行的效率。

2. 船体结构

首先，福船有坚固的龙骨。这是福船的脊梁骨，前端连接首柱，后段连接尾柱，成为船的基本骨干受力部分。配合横向连接的肋骨，形成整船的总构架。

其次，船板精良。福船的船板选用当地出产的杉、松优质木料，设计工艺非常巧妙，加工制造极为精密，使船壳形成一体，致密无缝。船板平面的拼接，有多种方式：平口拼接、斜接、搭接和齿口榫接，并采用铁或竹、木、锔钉等固紧，还用竹茹桐油灰捻缝，船壳板有单层或多层。泉州出土的宋船，船底从主龙骨起向上到第10行有两层板，弦侧板第11到第14行则为三层叠合，以保护船上最易受到碰撞的部位舷侧板。以上种种措施，足以保证船壳长期浸泡在海水中，大面积内外承受重压时，仍然保持坚固持久，滴水不漏。

其三，“稳”。俗称水蛇，又称舭龙骨。这种安于船体两侧的半圆形护舷木，既加强了船体纵向结构的强度，也可以防止海浪保持平衡。宁波出土的宋船就有这种“稳”。我国在汉代就已经发明了这种“稳”，而国外在19世纪的头25年才出现这种护舷木。

其四，多层甲板。如泉州湾宋船的复原研究，所出土的海船首部有两层甲板，尾部有 3 层甲板。文献记载宋代大型福船有 4 层甲板。这些甲板大大增加了船体纵向的受力。

其五，水密隔舱。船体内部以隔舱板分成若干舱室，连接处捻缝致密，形成独立的不进水的空间，就是水密舱。隔舱板原来是船板弯曲加工的工艺装备，由撑梁改进而来。从小船到大船，船加深，隔板数增多，梁扩展成隔壁舱板，再紧密捻缝即成水密隔舱。隔舱在中原很早就已出现，扬州施桥出土的唐船，有明显的五个隔舱。唐末中原固始开闽王兵民入闽，定居闽南，将隔舱技术传入闽南，并融入闽南原有的原始造船技艺，完善了水密隔舱技术。“水密隔舱福船制造技艺”现已被联合国教科文组织认定为人类非物质文化遗产代表性项目。这是中国发明的造船学最基本原理。西方到 1787 年才引进这项中国技术。1795 年，英国海军造船才采用这种技术。而今，世界各国无论是军舰还是商船无不采用这项技术。

3. 风帆特色

福船主桅风帆，早期为梯形竹篾硬帆，后来改用刀形斜桁纵向布质硬帆，又有一系列操纵索具的灵活驾驭，与尖底船体相结合，迎风航行海上，能使船体悬浮倾斜，并根据风力大小、帆的受力面积、船体的载重量、海流和风向等各因素，综合调节作用力中心，如尖刀劈浪，乘风前进，配合操舵，还可巧驶八面风。

福船常用三桅以增强推动力，最多有九桅风帆。除了主帆之外还有辅助帆，如三角帆、四角帆、头幞等。这些帆可以配合主帆采集最佳风力，有效推动船舶前进。特别在无风区航行时更有必要。这些辅助帆大都是软帆，也是外国常用的一种帆，说明我国船帆以硬帆为主，软帆为辅。而外国船基本上只有软帆一种。

主帆操作，有一系列索具操纵控制，包括主帆升降、主帆转动、帆面偏移、帆顶偏斜、落帆支架等，并都配有滑轮组以及绞车传动系统，操作灵活轻便，能快速应付风云瞬息万变的气象和复杂的海况。福船所体现的中国帆的特色，是人类利用自然力的一项重大发明，从结构力学和自动调节原理上，均很有科学性。

4. 船体防护和外观彩绘

船体各构件受到风吹浪打和海水浸泡，因此都必须涂油上漆防护，以延长使用的寿命。在这方面闽南的船家，也有许多绝妙的创造。

当时的海船都是木船，最怕的就是海蛆吃船板。闽南海船有一特殊的要求，即防治海蛆钻吃船板。海蛆能直穿咬透船板，一虫钻孔直径达 3 毫米，钻通就会导致全船沉没。闽南的船家就创造发明了许多防治海蛆的办法。

最常见的就是壳灰防治。闽南盛产海蛎，海蛎是美味，剩下的海蛎壳也是宝贝，可以烧成壳灰。壳灰是海滨闽南人重要的建筑材料，不但用于粉刷墙壁，更用于制作三合土，坚不可摧，常用于外墙、炮台、墓地等等。尤其是再加入红糖、草纸、糯米饭，堪称刀枪不入。而船民、渔民则将其用于木帆船的养护。

闽南的海船传统上每隔一段时间，就要将船搁浅沙滩，将船底翻转朝天，然后在水线以下涂刷海蛎壳烧制的白灰，能防止和杀死海蛆。因勤翻勤刷，船底经常保持白色，这种船又叫白底船。

为了减轻工作量，还有的在涂刷白灰后再铺一层薄船板。这样即使有海蛆，也只是侵蚀外层船板而不会破坏到内船板，刷一次壳灰可以维持较长的时间。

还有的定期将船开到淡水中浸泡船壳杀死海蛆。也有在船板上密密地钉上铁钉子，入水后铁钉周围锈蚀，海蛆不敢入侵。

世界上天然漆树仅生长于亚洲，其中 90%生长于中国。中国的漆艺历史十分久远，7000 年前的河姆渡遗址就有漆碗出土。福建盛产漆和桐油，这是最好的防护材料。福船很早就运用漆和桐油在船体上绘制美丽的图案，形成福船外观特有的风格。同安梭船继承了这些优良的传统，船首照水板画日月拱照；两侧画龙目、水蛇（船神），还有形态各异、彩绘华焕的鸟和鱼，彩旗神灯，十二生肖；船尾画龙凤牡丹。还有对联，如“顺风相送”，“顺风顺水顺人意，得财得利得天时”等等。

同安梭船

福船上的帆、索具等各种用具都用桐油和大漆防护。闽南同安梭船的帆布和渔民的衣服，还发明了“红柴汁”染料。早期他们的服装都是麻袋布衫上涂上桐油，后来他们用荔枝树根、薯莨根皮、红树林中的红树植物等富含丹宁的植物制成“红柴汁”染料，帆布和衣服先染汁再盖上桐油，轻便又经得起海水的浸泡。

厦门港渔民制作的帆

福船的这些优秀特点使其成为中国海上丝绸之路最重要的船舶。但是，自宋代以来福船并非一成不变，而是随着时代的演进不断改进。例如历代福船的尺寸和船型，特别是船长宽比，是不断变化的。

泉州发掘的宋代海船，长 12 丈，宽 4 丈，长宽比 2.5。

《宋会要辑稿》里，一千料的宋船，长 7 丈，宽 2.5 丈，长宽比 2.8。

《明史》记载的郑和宝船，长 44 丈，宽 18 丈，长宽比 2.5。

《洗海近事》记载的明代大福船，长 13 丈，宽 4.5 丈，长宽比 2.9。小福船长 8 丈，宽 2.8 丈，长宽比 2.9。

《闽省水师各标镇协营战哨船只图说》记载着明清时代福船大赶缯，长 9 丈，宽 2.3 丈，长宽比 3.9。小赶缯，长 4.5 丈，宽 1.4 丈，长宽比 3.3。

大水艍，长 7.5 丈，宽 2 丈，长宽比 3.8。小水艍，长 4 丈，宽 1.1 丈，长宽比 3.8。

可以看出从宋代到清代前期，福船的长宽比在不断地增加。这里当然与明清两代统治者禁止闽南人民出海，限制大型船只的制造有关（从明初禁海就规定民间造船不得超过两桅）。但更主要的是福船的制造者（闽南的造船师傅），善于总结航海的经验和教训，在船梁、船桅受限的情况下，从木材利用、建造条件、货物的载重与安全，以及航海的操作使用要求等实际条件出发，不断地改善船舶设计，合理提高长宽比，增加船舶的载重量和安全性，体现出闽南制造船舶的能工巧匠的智慧。

清代，同安的能工巧匠进一步把福船的长宽比提高到 5，长 10 丈，宽 2 丈。整个船体呈现出梭子形，已具有现代流线型的结构外形。在流体力学中，对于流体中快速运动的物体，这是提高航行速度最有效的方法。

木帆船运行在气体和液体两种不同性质流体界面上，从空气动力学和流体动力学原理分析，梭形可以减小行驶时的运动阻力，提高速度。从材料力学上看，梭形具有变截面等强度梁设计的概念。

一般船舶的受力计算，是假设船体为一两端自由支撑的横梁。如果海浪两个波峰之间的距离等于船长，全部重量以集中力的形式作用在船的中部底部受压力；如果两个波谷之间的距离等于船长，则船中部甲板受拉力。受力最危险的点在船的中截面，然后向两端逐渐减少。梭形结构符合这个受力的特点，不但最经济地使用材料，而且对船舶在海浪中的航行安全极其有利。

国际知名科技史学家李约瑟评价中国和西方船舶设计制造的异同，称欧洲人的船像鱼，中国人的船像鸭子、水鸟。

他说，早期欧洲人的海船像鱼。欧洲人总是把他们的船造得像“鳕鱼的头，鲭鱼的尾”，常常把船较宽的部分朝向船头，形成船头大，往后逐渐缩小的形体，就像学习鱼儿在水里游泳那样。

把船型造得像鱼那样善游，这种构造固然不错，但鱼儿只能在水里游，船却是要浮在水面上，除非它是潜水艇。在水里游，和在水上漂，显然是两种不相同的受力。

中国海船的船体不像鱼，而是像水鸟（野鸭子）。中国的船体正好和古代欧洲船体相反，其宽面是朝向船尾的。中国人造船模仿的对象，不是完全潜在水中只会在水中游的鱼，而是像水鸟、鸭子，他们比鱼厉害的地方，就是能够一部分浸在水里，另一部分又能浮在空气中，灵活浮游于水面上。

水鸟和鱼不同，浮在水面上身体最宽处落在后半部，所以鸟要利用它的蹼足在后面泼水，产生前进的推力。古代中国建造海船模仿水鸟的体型，其奥妙之处就在前进的力量得之于船体后方所产生的推力，而不是来自船头的拖力。这是中国古代海船的一大特色。中国海船无论是桨、橹、船尾舵，还是帆，其效果均是利用船体后方产生的推力前进。所以中国海船“腰粗”，造得就像肥肥胖胖的水鸟或鸭子。船航行快速又稳定，适航又安全，就像水鸟一样是浮游水面上而不是下沉在海里。遇到风浪，摇晃一下就没事了。

这种智慧的设计观念欧洲人到19世纪中叶以后才领悟到，而中国竟在宋代就早已定型了。

同安梭船传承了闽南早期工匠的智慧，又善于创造性改进，创新性发展，进一步增加长宽比，既增加了船舶的适航性、安全性，又增加了船舶的载货量。这是同安人民对福船，也是对中国木帆船制造的伟大贡献。

（二）同安梭船的四项创新

同安梭船的贡献还不仅如此，它还有如下四项了不起的创新、创造。

1. 船体内部“蜂房”结构

同安梭船的船体结构，除了有福船坚固的纵向龙骨、船板、横向的隔舱板、梁以及深向的肋骨、多层夹板等主要受力结构外，据《金门志》记载，船体内部还有“蜂房”结构，即相当于现代新科技中所用的“蜂窝”结构。这是一种以消耗最少的材料获得最大的强度和刚度的结构，现代的飞机和坦克的设计中也最常采用，是一种非常先进的设计理念和结构方法。

2. 主桅杆的预弯曲设计

木帆船的主帆承受着风压的最大推动力，然后作用在接近船长度的高耸桅杆上。桅杆底部插入到船底，就将推力传递给船体。从力学上看，桅杆有如一头固定一头自由的固定端梁，在迎风受力时会产生弯曲变形，影响到帆的受力和操纵。同安梭船将主桅杆制作成有反方向的微弯曲变形结构，其挠度正好使受力后与桅杆变形叠加结果呈垂直状态。这种设计就是现代科技的一种新技术——预应力设计。现代桥梁、屋架等构件，常有采用这种预应力或预变形结构。

同安梭船还在多桅帆船采用桅杆的前后错位配置、主桅杆向船尾方向倾斜等多种先进技术。到 19 世纪欧洲才了解到这种设计的优越性。

3. 同安梭船的系列化和修造规范化的标准制定

标准化，许多人以为是西方现代的创造，其实清初的同安梭船已经有了。这是普及推广进行科学管理的重要措施。道光十二年（1832 年）时任福建兴泉永海防兵备道周凯在《厦门志》将同安梭船系列分为五等，以梁头尺寸表示，并且制定了新建、改造、大修、小修的费用。

清朝林焜熿主纂的《金门志》中，精辟地总结了闽南能工巧匠建造和检修同安梭船的设计原理。

“大要造船，在主者留心，工匠遵法，尺寸合度，方可适用。其龙骨每丈配大风檀各有等差，然因时变通，又在乎人；船之承帆与否，在于八尺之宽窄；船之宜水深浅，在于起底之或平或尖；船之冲浪与否，在于鸡胸之肥瘦；船之利水与否，在于收尾之或高或低；船身配长，则舵叶用窄；船身配短，则舵叶用宽；桅照水则上缭宜松；桅钩后则上缭宜紧，所谓分缭寸舵也。遇碇地烂泥，碇绳须垫草鞋，以防拖脱；风浪大时，缆须生根，以防断找；潮退时，须将船底翻起半面，焚干草再以蛎灰涂之；战船月一燂洗，方无蛀患；至厂中修造，估价太廉，则板薄钉稀，况丁胥刻减，工匠取赢，工既不精，事何由济？故欲船坚，须加工料，监督之员，必委勤慎，使工匠无敢串通，丁胥无从高下其手，则战船得资实用矣。”

同安梭船之总体布局也成定制：“大赶缯之制，长十丈，广二丈，首昂而口张，两旁为波护以板墙，人倚之以攻敌。左右设闸曰水仙门，人所由处，左曰路屏，右曰帆屏；泊船即架帆于此。中官厅祀天后，厅左右小屋各三间，曰麻篱。厅外总为一大门，出官厅为水舱，左旁设厨灶，置大水柜。水舱以前格舱为六，迄大桅根格堵，乃兵士寝息所，下实米、石、沙土，以防轻飘。口如井，板盖之。桅高十丈，篾帆、律索、插花皆备。另有小仓二格，乃水手所居。头桅亦挂小帆，短于大桅。头桅前即鹢首，安碇三个，碇用铁力木，重千斤，棕横百数十丈，有铁钩曰碇齿，以泊船者。厅中格曰圣人龛，安罗盘，即指南针，以定方向。后曰舵楼，左右二小屋，舵楼右小桅，挂帆曰尾送。另备小艇一，曰杉板，以便内港往来，大船行则收置船上，船小即佩带杉板于船旁。”

这些已经成为当时水师战船的标准设计。正是这种从能工巧匠的经验总结做出的规定，才使得同安梭船，从同安地区走向全国。这也就是我们今天常说的标准化制定。

4. 尖刀形状的风帆

根据经验，帆船推进风力最佳值是 3～5 级，小了走不动，大了不安全。同安海域年平均风速 3.2～4.6 米/秒，相当于三级。这是比较好的风力之源，很适合帆船航行。但是这一海区在低风速时，风速变化幅度很大，阵风风速可能达到 1.8 倍以上。这种突然的强风，一不小心就会使船舶遭遇不测。

有经验的闽南帆船的舵手一般都非常机敏，有丰富的观测气象变化的经验，加上我国的风帆及操纵系统的设计有快速升降的绞车、滑轮组和绳索系统的密杆硬帆，从而能较好地应对气象、风力的突然变化。但是如果碰上经验不足的舵手，就容易发生危险。同安梭船的能工巧匠就对福船原有的风帆做了巧妙的改进。

海上水面以上风的压力分布，由于水面摩擦力的影响，在垂直高度上是有变化的，在水平面等于水的流速，接近于零，向上逐渐升高，到 6 米处为风压值。根据这个原理同安梭船将风帆刀锋做得又尖又高，并有专门的索具调整刀锋翘度，就是为了在风力小时能最有效地利用风力，以便在风力小时能有较大的推力。

风帆的后沿，即扇弧的一边，将原来福船的直边改为呈机翼状的弧形。根据实践和试验，其空气动力性能较好。这不但适应了台湾海峡的地理环境，也适应了这一海域的气象要求。

这些了不起的创造性改造，使同安梭船成为福船一千多年历史发展的高峰，性能达到了最完善的程度，也成为我国先进海船的代表。

同安梭船的性能如此优越，终于被清朝的官员发现："闽之�地，俱近外洋，非同安梭式赶缯船，不可以攻大敌。""赶缯船笨重，驾驶不胜得力，改为同安梭船式。"

因此在清乾隆六十年（1795年），同安梭船被选定为水师装备的主要战船，并"奏请择其已届拆造大修，及将届拆修者，仿造同安梭船式，分别大小一、二、三等号通省改造八十只"。到嘉庆四年（1799年），"复将未改各船改造同安梭船"。至此全省都用同安梭船。此后不断增造，江苏、浙江、福建、台湾、广东各省的官办造船厂，都承造这一名船。这样的战船不仅在东南沿海的水师配备，还武装了北方海港的水师，如奉天金门营，天津水师绿营等。到嘉庆中期，全国水师都用同安梭船式战船。（以上所引，见道光《厦门志》）

同安梭船本是同安民间所创造，用于海上货物运输和捕鱼，为商船和渔船。因其性能如此优越，使得清代海军将其作为全国水师装备的主要战舰。

当时，厦门商船都为同安梭船，分为横洋船和贩艚船。横洋船即对渡台南和厦门之间的商船，因为要横穿澎湖和台湾之间的黑水洋，故称为横洋船。贩艚船又分为南艚船、北艚船，南艚船贩货到漳州、南澳、广东，北艚船贩货到温州、宁波、上海、天津、营口等地。

这些都属于国内沿海贸易。横洋船最大的为糖船，梁头24英尺（约7.32米），载重量甚至可以达400～500吨。当然在最开始的18世纪初，因为有朝廷规定的梁头不得超过21英尺（约6.4米），那时候最大的糖船也不过载重150吨。而70吨以上官方就定为大商船。航行沿海的艚船往往都在100吨以下。陈伦炯的《海国闻见录》还提到有许多由渔船改造的“舢板头”载重30～35吨。而20年后成书的《重修台湾府志》（1752年）记载舢板头已经造得更大，载重量达到50吨。

走南洋贸易的船只都比较大，多称为洋船，开始也只有100多吨。等开放南洋海禁以后，往往都可以载6000～7000石，即四五百吨。有的学者还认为，厦门港后来海外贸易的船已是体积较大的三桅帆船，大者可载万余石，小者亦数千石。

一艘大船的造价高达数万金。船主称为“财东”，领船运货出洋者称为“出海”，司舵者称“舵工”，司桅者称“斗手”或“亚班”，司缭者称“大缭”，相互之间称兄弟，在厦门以此为生的舵工、水手数以万计。

每艘海外贸易船配有“船主一名；财副一名，司货物钱财；总杆一名，分理事件；火长一正、一副，掌船中更漏及驶船针路；亚班、舵工各一正、一副；大缭、二缭各一，管船中缭綀……杉板船一正、一副，司杉板及头缭；押工一名，修理船中器物；择库一名，清理船舱；香工一名，朝夕焚香楮祀神；总铺一名，司火食；水手数十名”。①

雍正九年（1731年），清廷为了防止出洋的船只违规犯法，下令各省船只必须涂不同颜色的油漆，以利辨认。凡出洋的船舶，从船头起到鹿耳梁头止，并大桅上截的一半，按照规定的颜色油漆，船头两边刻上某省某州县某字某号的字样。福建船用绿色油漆，红色钩字；浙江船用白色油漆，绿色钩字；广东船用红色油漆，青色钩字；江南船用青色油漆，白色钩字。船篷上要大

①周凯：道光《厦门志》卷五《船政略·洋船》。

书州县及船户姓名，每字直径一尺。兰布蓬用石灰细面调以桐油书写，篾蓬和白布蓬用浓墨书写，黑油分抹。字迹不许模糊缩小。

因此当时福建船被称为绿头船，广东船被称为红头船。到东南亚贸易以厦门船为多，通常被称为绿头船。潮汕一带到泰国多，被称为红头船。

正是这些同安梭船式的绿头船，为建构清代从康熙到道光一百多年的闽南海丝贸易提供了坚实基础。

第三节　郊商郊行

闽南商贸，尤其海上对外商贸，在五代时就十分发达。历宋元而明清，形成非常独特的商贸文化。其中最具特色的就是“郊商郊行”。这个名词现在许多年轻人恐怕连听都没听过，而在往昔却是深刻影响闽台海峡两岸人民经济与生活的重要海上贸易商家。

港口和城市总是连在一起的，但是早年大多数港口距离有城墙围绕的城市总是还有一些距离。城市最主要的功能是安全，而港口却必须适应潮汐的起落。经营海上交通贸易的海商，其大宗的货物依潮汐而入港，经常无法在夜间搬运入城，因而改在郊外设立货栈，并联合起来组织民间武装以保护财物和船舶。这样，闽南人就把城外的商户称为“郊”商，城内的商户称为“铺”商。由于经营相同的货物，往往会装卸在同一个码头，并且会有共同的利害关系，久而久之，郊商们就依据行业联合起来，组成了郊行。

闽南“郊商”名称虽然到清代才出现在史籍中，但在“郊”经商的历史十分久远。早在五代留从效治理闽南时，由于海上贸易船舶入港须看潮水，而闽南的潮水为半日潮，每日皆有变动。

同时泉州城海船也无法直接驶入，留从效就在城外码头盖“云栈”。

闽南旧时把仓库叫“栈房”，旅馆叫“客栈”。有海船驳货，又潮水时辰无法将上岸的货当日运入城中，则用“云栈”堆货、驻人看守；如无船舶，或潮时早，当日卸下的货可即时搬运入城，则不用此栈。但如果是大批发商，大宗的货物，则不论早晚皆用此栈堆货并招商，直到分销商将货物都买走。

那时出海远航全都是木帆船，靠的是季风。每年七八月就开始堆货准备装船，九十月东北季风起，扬帆出海，直下东西洋。船一走，云栈就空了，要等到第二年四五月西南季风起，出洋的船纷纷满载归来。于是云栈又热闹起来，货堆如山，人来人往，郊商与坐地分销的铺商验货成交，就地交易。如山的货物便由货主载走，各得其所，云栈便又空荡荡。人与货随季风，如云来云去聚散，故称“云栈”。

来城郊码头的货主，多是做海外贸易大宗货物的批发商人，当时是否称为“郊商”，史无记载，但行为性质实则与清代所称郊商是一样的，即在城郊之外经营大宗海运贸易的商家。闽南旧时称为作郊，皆为大金主。从闽南海上交通贸易的历史看，民间有“郊”“铺”之称，应当颇为久远。当然，清统一台湾后，闽台两地郊商郊行大盛，却是不争的史实。

闽台两地虽地缘接近，但在生活物品和其他需求方面却不尽相同，需要两岸资源的互补。诸如台湾的大米等农产品，闽南的瓷器、生活用品等。因此，为两岸贸易往来提供运输方便的中介商行纷纷涌现。但是由于从施琅开始，清朝对船东财产有要求规定，小商家很难得到造船批准，往往要实力雄厚的郊商郊行才可能获准建造出洋的大船，成为船主。

事实上实力雄厚的郊商郊行往往也有自己的海舶。据史料载，厦门来往于台湾的商船曾达 1000 多艘，每日穿梭往来于厦台海域之间，这种繁荣的景象可谓盛极一时。同时两岸又有一些共同的产品，如糖、干果等要运送到北方的天津、上海，或南方的广州，还有国外的越南、马来亚、暹罗、仰光等。

随着海商越来越多，规模越来越大，从事不同商业贸易的郊商郊行联合起来，形成一些同业公会。闽南话行业称为“途”。路途的途，指走同一条路，经营同一商品。著名历史学家傅衣凌在其《清代前期厦门洋行》一文中提到，厦门早在嘉庆年间已有“洋郊”“北郊”“匹头郊”“茶郊”“纸郊”“药郊”“碗郊”“福郊”“笨郊”“广郊”，号称“十途郊”。

这里的“洋郊”指的是专做南洋生意的郊商。“北郊”指的是专营福建以北方向的郊商。“福郊”指专营福州方向各种生意的郊商郊行，其中最主要的是杉行，即造船所用的大杉木，有一种专门拖载大木头的船，称大舶。“笨郊”是经营台湾笨港的郊商，但其实不仅做笨港生意，也包括台湾其他港口，也被称为台郊。这主要是因为乾隆以后台湾的郊商郊行也发达起来，而且都针对厦门港做生意，把厦门台郊的生意抢了不少。“广郊”，则专门经营广东方向生意，不仅包括广州，也包括汕头。

以上这“五途郊”是以经营方向来划分的。

另外“五途郊”则是以行业来划分的。“匹头郊”，也称“布郊”，是做大宗布匹生意的郊商郊行。“茶郊”即大茶商，“纸郊”即经营各种纸张生意的郊商，“药郊”专营中药材，“碗郊”当然不只经营瓷碗，还有各种瓷的盘、碟、勺、瓶，甚至包括枕头等，应有尽有。

台湾鹿港在嘉庆年间则有八郊，即泉郊金长顺，厦郊金振顺，布郊金振万，糖郊金永兴，簸郊金长兴，油郊金洪福，染郊金合兴，南郊金进益。闽南习俗，商号之前的“金”字，表示是合股经营。

经营糖的“糖郊”，经营大米的“米郊”，在厦门很早就有，而且经营和影响都比较大。不知因何没有记载。

旧时，中国人多穿蓝布衣服，而蓝色染料就是用靛青制成的。闽南蓝靛的种植闻名全国，《天工开物》记载“闽人种山皆茶蓝”。《八闽通志》卷四十一《公署》称：泉州“染织所，在府治东南南俊坊内，宣德三年，内史阮礼督造至郡，令有司买民地创建，以为染织之所，内有青玉泉井甘，水染深青，为天下最，旧有二碑纪其事”。

清代福建的染料在全国占有相当的地位，而且种植比明代更为普遍，海关抽税最多的便是靛青。直到鸦片战争以后，洋靛大量输入，才使得闽南的靛业逐渐衰弱。但嘉庆年间台湾有染郊，厦门反而没有，关税又收得那么多，且存疑。

同安遗留的染布作坊石染缸

现代人最搞不清的是台湾将经营百货的称为“籔郊”。所谓“籔”，就是南方农村水稻收割时晒谷的“谷笪”。这种竹篾编成的大席子不但可以晒谷，还可以用来遮盖东西，甚至铺在地上让孩子玩耍睡觉。早年，闽南人还把它立起来围成一圈，作为小卖铺遮风挡雨的间隔。闽南人把这些生活习俗带到了台湾，台湾人称这样的小卖铺叫簳仔店，又讹为“柑仔店”。这种店经营的是百货、杂货，如果这一行业简称为“百郊”，闽南话容易混同“北郊”；百货闽南当时皆称为杂货，简称“杂郊”，大为不雅，就称为“簳郊”。

道光二十八年（1848 年），丁绍仪《东瀛识略》卷三《习尚》提道：城市之零售货物者曰店，聚货而分售各店者曰郊。来往福州、江浙者曰北郊，泉州者曰泉郊，厦门者曰厦郊，统称三郊。

同治十年（1871 年），陈培桂《淡水厅志》之《风俗考》也提道：有郊户焉，或贌船，或自置船，赴福州、江浙者曰“北郊”；赴泉州者曰“泉郊”，亦称“顶郊”；赴厦门者曰“厦郊”，统称为“三郊”，共设炉主，有总有分，按年轮流以办郊事。这里指的其实是鹿港的三郊。

鹿港泉郊

台南有台南的三郊，咸丰五年（1855年），刘家谋《海音诗》诗后注释提道：商户曰郊，南郊、北郊、糖郊，曰三郊。

郊商郊行有其特殊的组织架构，在其之下设有割店，即二级批发，割店之下再设文市，即零售店，零售店之下还有流动的货郎担。文市和货郎担不仅销售郊行从对岸运来的货，往往还负有收购本地特产的业务，然后交割店，再集中到郊商手上，运往对岸。郊商郊行流行于闽南和台湾地区，它维持了海峡两岸经济贸易的正常秩序，促进和发展了两个地区的经济交流和商业贸易。

台南水仙宫

随着郊商郊行在闽台地区的迅猛扩展，仅台湾鹿港便有“泉郊”200余家，“厦郊”约100家。

当然闽台的郊商郊行不仅仅做两岸的生意，郊行也把行进的足迹延伸到了大陆内部及海外的东南亚等地区。北郊交易地以天津、宁波、上海、烟台，以及国外朝鲜、日本为主，有二十余号经营商；南郊主要与香港、汕头，以及国外越南、泰国、新加坡、印度尼西亚、菲律宾等地交易。为了获得更多的利润以及适应两岸人民的生活需要，这些商行不仅仅在福建地区进行采买，甚至远至华北一带采购货物，形成特殊的“南北郊”。比如有专营上海的布匹、浙江的绫罗绸缎，乃至关东的药材、瓜子等等的郊商。

厦门郊商郊行除了对台贸易和国内南北沿海港口贸易，做南洋生意的最多，主要是大米贸易。福建山多田少，地少人多，每年所产粮食，不够百姓半年之食。台湾收复后，开始主要依靠台湾的大米来接济。当时清政府规定每年从台湾拨运金门、厦门、漳州、泉州大米16万石。到了康熙末年闽南、台湾人口渐多。康熙皇帝从暹罗朝贡使者了解到“其地米甚饶裕，价值亦贱，二三钱银即可买稻米一石”，随即下令从暹罗进口大米30万石，分运福建、广东、宁波等处贩卖。

当时东南亚各地的大米生产，暹罗为第一，即今天的泰国米。1679年一位英国东印度公司的雇员乔治·怀特就曾评论：“暹罗是临近几个地区的主要产粮区，世界上任何地区的大米都不如它丰裕，它每年供应临近的马来西亚沿岸，远至马六甲，有时甚至到爪哇。荷兰和其他国家也从这里载运大米出口。”[①]

到雍正六年（1728年），暹罗的商人开始载运大米到厦门，清政府不但允准他们在厦门贩卖，并给予减免税的优待。

---

①李金明：《厦门海外交通》，鹭江出版社，1996年，第52页。

特别到了乾隆年间，年年的安定使人口激增，台湾余粮年年减少，规定调运福建的大米年年不能完成。一遇灾年，粮价飞涨，民不聊生。从乾隆八年（1743年）开始，凡有外洋货船到厦门贸易，载运大米万石以上者，减免其船货税银一半；载米五千石以上者，免其十分之三。而且如果民间卖不出去，政府全部收购。

据史家估计，当年每年至少有40艘大帆船，从厦门前往暹罗的首都曼谷，这些船只多数也从暹罗载运大米回国。

台湾历史上闻名遐迩的“三郊总长”叫林佑藻，是厦门同安县（今集美区）锦园林氏人。咸丰三年（1853年），艋舺的三邑人（晋江、南安、惠安）和八甲庄的同安人发生械斗，即“顶下郊拼”。结果同安人战败，当时的首领林佑藻带着霞海城隍庙神像，向北逃走。他们本来要逃到同安人聚居的大龙峒定居。可是连下了几十天的雨，房子盖不起来，他们只好迁到大稻埕重建家园，林佑藻也成为开发大稻埕的关键人物。他到大稻埕以后，便开始在迪化街中街一带开设复振、复源和复兴三家商号经营贸易。他还积极到厦门、香港、闽南一带招来商贾，在大稻埕起卸货物。这时艋舺因为淡水河道开始淤积，港口日趋衰落，而下游的大稻埕却逐渐发展成重要货物集散地，商业大为繁荣。当时，林佑藻招集各商户，组成厦郊，称为“金同顺”。郊商公推林佑藻为郊长，总理郊行各项事务。在他的领导下，厦郊和大稻埕蒸蒸日上，气

林佑藻

势猛不可当，甚至连以前死对头的艋舺泉郊金晋顺、北郊金万利也都示好加入。

后三郊合并，成立“金泉顺”，公推林佑藻担任“三郊总长”，大家给他一个外号，叫“连环头”，林佑藻的声望达到顶点。光绪二十一年（1895 年），台湾割让日本。林佑藻不愿意接受日本统治，就把台湾大稻埕三郊总长的事务交给儿子继承，自己从商场隐退，回到厦门同安锦园老家，五年之后去世。

日本侵占台湾时代，统治者把建设的中心转到城中区，淡水河淤积的情形也日渐严重，大稻埕和艋舺遭到同样的命运，渐渐没落。但是林佑藻在此已奠下深厚的基础，到今天大稻埕仍是台北重要的货物批发集散中心。

郊商郊行这一商贸体制的文化核心就是“诚信”。闽台的“糖郊”糖业公会现存的档案，有对所有从事糖贸易商号的公订协定文书，规定一包糖多少斤，其中每条麻袋的重量不得超过两斤重。“如有违规者，要罚戏二台。”

鹿港郊铁钟

现在，在闽南地区还有许多郊行的文物古迹，如闽台缘博物馆的镇馆之宝——鹿港郊行铁钟、厦门的郊行古石碑、古厝，还有厦门水仙宫的遗址等等。

第四章　海洋吹来的西风

第一节　光荣与屈辱

中国人所谓的洋人，就是指从海洋来的人。他们用的东西，就称为洋枪洋炮洋货，甚至火柴也叫洋火，水泥叫洋灰。

思明，是中国最早见识洋人炮舰并把他们打得落花流水的地方。所以思明的人，不叫他们洋人，而称之为番仔。番，不明事理之人也。火柴也叫番仔火，水泥也叫番仔灰。

思明人认为，海洋，并不只属于番仔。在海洋上，郑成功、郑芝龙才是老大。你们的东西不错，我们的瓷器、丝绸、茶、糖比你们更好。

当然用我们今天的眼光来看，不能不感叹，当时思明的人对世界的了解真是太少太少了。又岂止思明人？十七、十八世纪的中国人，在闭关锁国的政策下，沉浸在中央帝国的傲慢之中，根本就没有抬眼看世界的兴趣，甚至看到了也觉得不值一提。所幸，这个历史的教训，中国人是牢牢记住了，思明人则因为海，很早就领悟了。

当然历史的局限是我们不能苛求于前人的，谁也无法脱离时代。

在思明，我们的先人们留下了时代的遗憾，也留下了许多抗倭和剿灭红夷番的遗迹。

有明一代，东南沿海倭患严重。大陆沿海盗贼也常与倭寇勾结，为虎作伥。《厦门志》卷十六《旧事志》载：“（明）正统十四年（1449年），海贼张秉彝攻中左所，邑人叶秉乾率义兵战却之。”

嘉靖年间是倭寇骚扰中国沿海最猖獗的时期。葡萄牙、西班牙、日本、琉球各国海商纷纷来到漳州月港，仅葡萄牙商人留居的就有500多人。每年秋天放洋，大船数百艘，乘风挂帆，一起出发，极为壮观。至此，月港已成为中外商互市的贸易中心，出现“方物之珍，家贮户藏，而东连日本，西接暹罗，南通佛郎、彭亨诸国”的繁荣情景，号称“闽南一大都会”。

月港在九龙江出海口内，厦门在九龙江口外，倭患及番仔的骚扰，多发生在厦门周边沿海的同安、浯洲屿（金门岛）、浯屿和龙溪、海澄、漳浦、长泰等地，浯屿甚至成为倭寇巢穴，倭寇据此屡犯闽南沿海及内地。清道光《厦门志·旧事志》中记载的就有多次：

“（嘉靖）二十六年（1547年），佛郎机（葡萄牙）番船泊浯屿。巡海副使柯乔发兵攻之，不克。”

“二十七年（1548年）夏四月，都指挥卢镗打败贼于浯屿。六月，贼冲大担外屿者再，柯乔御之严，贼遁去。”

“三十六年（1557年）冬十一月，倭泊浯屿，掠同安。”

“三十七年（1558年），倭泊浯屿，火其寨，攻同安。知县徐宗奭拒却之。五月，海贼洪泽珍巢旧浯屿。冬，倭再泊浯屿。”

“三十八年（1559年）春正月，倭自浯屿掠月港、珠浦、官屿。五月，掠大嶝。新倭自浙至浯屿焚掠。”

“三十九（1560年），新倭屯浯屿。四月，漳贼谢万贯率十二舟自浯屿引倭陷浯洲，大掠。知县谭维鼎率义兵救援，泊澳头。五月，参将王麟、把总邓一贵追击倭寇于鼓浪屿及刺屿尾，大败之。”

这次战斗发生在鼓浪屿以东的海面上，明朝的参将王麟，把总邓一贵率水师在鼓浪屿以东的海面上，与倭寇展开激战，击沉倭寇船只数十艘，生擒倭寇首领多人，歼灭倭寇 3,000 余人。这是明朝军队在中左所抗倭打得最漂亮的一仗。

后来荷兰人也来到了九龙江出海口，企图强迫明朝政府和他们做生意，如果做不成就采取掠夺的海盗办法。他们看中了厦门，企图占领厦门，作为他们的商贸根据地。

明朝政府几次调遣军队，在厦门、金门沿海打败了荷兰海盗。现在思明的万石岩、鸿山、虎溪岩都留有当年抗荷将领豪气冲天的摩崖石刻。

白鹿洞后抗荷石刻

英帝国主义很早就看上了厦门的地理位置和港口贸易的优势。1676 年“三藩”之变，郑经占领厦门，侵略万丹的英国殖民者派了一艘船到厦门，在厦门建立了一个商馆。这是英国东印度公司在中国大陆最早的立脚点。

1679 年万丹开了两艘船，载了 20,000 元的货物和 30,000 元的金币，到厦门购买了 9,000 匹丝绸和 100,000 箱生丝载回英国。

1680 年 8 月又有一艘英国船从伦敦航行到厦门，载了 22,950 磅的货物，包括银元、布匹、弹药、火枪、包钻、葡萄酒等。这些货物在厦门卖掉后，英国商人买了一些日本铜、闽南糖和其他粗货运往印度的苏拉特，还买了精致的 8,000 匹丝绸、10 箱生丝和价值 2,000 元的日本屏风，以及日本和中国的珠宝直接运往英国。

这些买卖英国人获利颇丰，所以 1681 年英国东印度公司董事会又派了 4 艘船载运了大批的货物和现款从伦敦到达厦门。但这时清军已经占领了厦门，并下令驱逐与郑氏集团通商的英国商船。英国东印度公司只好下令商船返回，并撤销在厦门的商馆。

1683 年台海战事平息后，英国东印度公司的董事会先派了“快乐鸟”号商船到厦门，企图重新打开对中国的贸易。船上的人员还贿赂一大笔钱，但是只租下房子设立了商馆，没有做成真正的贸易。英国人不死心，第二年又派了一艘“华商”号来到厦门，但是他们到达厦门的时候发现，公司的商馆已经变成了闽海关的衙门，所有的贸易都在“户部”（海关）官员的控制之下，英国的船只在获批准许贸易之前只能耐心地等待。不仅如此，户部还坚持要征收进出口税，而中国的翻译则坚持要分享贸易利润的 1%。

不过英国人最终总算做成了一些交易，重新打开厦门的贸易。其后的十几年里，每年到厦门的英国商船都有所增加。在 1695 年之前，英国人没有到广州港，他们与中国的主要贸易是在厦门，贸易额还相当大。如英国海关在 1697 年声称从东方进口瓷器的税收不少于 5,254 磅，相当于总价值的 12.5%。也就是说光是瓷器的进口就达到了将近 5 万英镑。

1697 年 7 月和 10 月，有两艘从伦敦到厦门的商船，载回大量的货物，包括茶叶 1,100 桶，生丝 30 吨，纺绸 149,000 匹和 750 匹华丽的天鹅绒。

但是厦门出口的丝绸质量较差，货源不足，特别是贸易限制太多和上上下下的“吃拿卡要”，让英国人实在受不了。1705 年到厦门的两艘英国船停泊了 5 个月无法交易，只好沮丧地驶离厦门。1715 年的一艘“安妮”号英商船更是停泊了 16 个月无法交易，也只好空空地驶离了厦门。

此时的清王朝完全不知道以英国人为首的欧洲在干什么。

就在这些英国船驶离厦门的 18 世纪初，英国依靠掠夺和殖民，完成了原始积累，开始依托资本和工业文明疯狂地向世界掠夺与扩展。

此时英国已经开始使用了蒸汽机。1760 年前后，随着英国著名的发明家，工业革命的重要推动者詹姆斯·瓦特（James Watt）对当时蒸汽机原始雏形作了一系列的重大改进，发明了单缸单动式和单缸双动式蒸汽机，提高了蒸汽机的热效率和运行可靠性，推动了蒸汽机的广泛应用，揭开了第一次工业革命的序幕。从此，在英国的资本主义生产中，大机器生产开始取代工场手工业，生产力得到突飞猛进的发展。到 19 世纪的 1840 年前后，英国的大机器生产已基本取代了工场手工业生产，第一次工业革命基本完成，英国成为世界第一个工业国家。

其后，随着资本主义经济的发展，自然科学研究取得重大进展，1870 年以后，各种新技术、新发明层出不穷，并被应用于各种工业生产领域，促进经济的进一步发展，第二次工业革命蓬勃兴起。

世界在飞，而腐朽的清廷仍处于中央帝国的梦幻中。

与此同时，西方凭借先进的工业文明对仍处于农业文明，甚至是原始文明的第三世界国家进一步侵略和掠夺。

英国人在 17 世纪最后的几年已经把广州港作为新的贸易港口。广州港或许为了打开自己的市场，多少让英商感觉更加有些许的便利。因此从 18 世纪开始，他们便更多地到广州开展交易。

后来，清廷规定对西洋的贸易统归广州港，英国人就很少来厦门了。

但是英国人依然惦记着厦门。

道光十二年（1832 年），英国东印度公司以发展业务，了解中国沿海重要港口的情况，以便在将来建立中英之间的贸易关系为理由，派遣“阿美斯德”号到我国沿海进行侦察活动。这艘船 2 月从澳门出发，首先到南澳岛侦察该岛海军的实力和岛上的军事设施。4 月 2 日，“阿美斯德”号到达厦门，要求自由贸易。这时距鸦片战争爆发只有 8 年，英国人侵略的意图已经是“司马昭之心路人皆知”。时任福建水师提督的陈化成派员登船，对该船主胡夏米宣布：此处规定不准抛泊，要求他们马上开行，不得逗留，也不准他们登岸。

但他们无视清朝官员的禁令，在厦门停留 6 天，每天分为若干小队到城内及附近乡镇进行侦察。胡米夏派专人密切监视和计算从台湾来到厦门的船只，发现每天有一二十艘 300 到 500 吨的帆船进港，装载着大米和糖。7 天之内进出厦门约 100～300 吨不等的帆船，不少于 400 艘，其中大部分是从中国大陆来的沿海船商，装载着各种谷物；也有不少是从马六甲海峡来的，装着很值钱的货物。胡米夏后来给英国外交部提交的侦察报告，认为厦门由于地理位置特殊，以及当地人民善于航海经商，它是中国最繁盛的城市之一。尤其是厦门港港深不淤，不仅商船能直接靠岸起卸货物，就是最大的军舰也能进口停泊。①

另一位船上的翻译兼医生，德国籍传教士郭士立，也认为：“由于港口的优良，厦门早就成为中国最大的商业中心之一，又是亚洲最大的市场之一。船只可直接靠岸，起卸货物极为方便，既可躲避台风，进出港口又无搁浅之虞”，“不论就它的位置、财

---

①南木：《鸦片战争以前英船阿美斯德号在中国沿海的侦察活动》，《鸦片战争史论文专集》，第 107 页。

富或者是出口的原料来说，厦门无疑是欧洲人前来贸易的最好港口之一”。[①]

“阿美斯德”号的侦察是英国侵略者在鸦片战争之前对中国有预谋的战略侦察，其提交英国外交部的报告对鸦片战争时英军进攻和登陆地点的部署，以及战后《南京条约》中规定的增辟通商口岸，都有重大的决定性作用。

道光十三年（1833 年），鉴于英国鸦片在厦门的走私越来越猖獗，陈化成率领水师搜查金门、厦门、晋江一带的鸦片走私窝点，四面包围，人船俱获，并对附近的乡村按户清查，所有走私的窝点全部被剿毁。

道光十五年（1835 年），英国军舰到福建沿海挑衅，被陈化成驱逐。道光十七年（1837 年），英国军舰又到福建五虎洋海面，闽安副将周廷祥出面制止，英国领事借口接回居住漳浦的英国“难民”。陈化成经核查确认情况不实，即率水师将其驱逐出港，维护了国家的尊严。

但英国殖民者并没有停止骚扰。道光十九年（1839 年）英国军舰又开到厦门沿海一带活动，陈化成率领水师同英军交火，赶走了英侵略者。后来，他调任江南水师提督，壮烈牺牲在上海吴淞口炮台。

陈化成是同安丙洲人，他任职福建水师提督 10 年，故居就在思明区中山路草埔巷九号，他的家庙陈圣王宫在思明区洪本部，他的墓和厦门人民纪念他不朽精神的雕像就在思明区金榜路旁。

在英雄的鼓舞下，闽南人民在第一次鸦片战争中取得了少有的胜利。道光二十年（1840 年）6 月，英国首先在广东发动了对中国的侵略战争。闽浙总督邓廷桢采取措施，在厦门购买洋炮，

---

①郭士立：《1831、1832 和 1833 年三次中国沿海航行日记》第 2 部，1834 年。

陈化成墓

改建和加固炮台，特别是在思明的玉沙坡构建了厦门港水操台炮台，又称长列炮台。同时在鼓浪屿和青屿、屿仔尾也构建了炮台，安下大炮 286 门，调集士兵 1,600 多名，乡勇 1,100 名，及福建水师半数兵力来保卫思明。

7 月 22 日下午，英军舰队派出“布朗迪”号毫无顾忌地从青屿窜入内港，强行驶向炮台附近，遂放一只舢板，企图靠岸。厦门守军在厦门殿前人、护参将陈胜元带领下，迎击入侵英军，放箭射中一英军，又用长矛刺死一个胆敢上岸的敌人。恼羞成怒的英军以 32 磅重弹向岸上炮击，打死守军 9 人，民妇 1 人，伤 14 人，毁坏民房近 20 间。总督邓廷桢下令发炮还击，激战 3 个多小时，英舰被逼退。

8 月 21 日晚上，英军军舰乘着夜色，又悄悄驶入青屿海面。向水操台开炮，直冲内港。福建水师 10 多艘兵船开炮迎击，岸上守军也频频发炮，迫使英舰再次退去。

23日，英舰又驶向水操台开炮轰击，水操台连连开炮还击，击退英舰。

英军进犯厦门的消息传开后，泉州军民加强备战防守，沿海1,300多个乡村举办团练，乡丁多达10万人，使游弋觊觎于晋江、惠安海面的英舰得不到偷袭的机会。

9月，颜伯焘代替邓廷桢担任闽浙总督。颜伯焘好大喜功，他被英国军舰首次入侵厦门没有得手的现象所迷惑，低估了英国的实力。道光二十一年（1841年），主战派林则徐、邓廷桢被革职充军，朝廷又下令沿海各省撤兵。就在此时，英国军队突然又侵略厦门。战斗一打响，英国军舰炮火猛烈，在沙坡头督战的颜伯焘见势不妙，仓皇逃走。诸多清军跟着逃跑，许多坚守炮台的将士洒血疆场。

英国兵舰的洋炮摧毁了厦门港的长列炮台，英国兵占领了兴泉永道的衙门作为兵营。英国军队从海上用炮舰打开了清王朝禁锢的门户，逼着坐井观天、傲慢自大的天朝签下了屈辱的条约。

道光二十二年（1842年）清政府同英国签订了第一个丧权辱国的不平等条约，开放广州、上海、厦门、福州、宁波为通商口岸。1843年11月2日厦门正式开埠，同时也沦为中国第一批半殖民地城市。

这是思明，也是中国第一次遭遇工业文明对农业文明的凌辱。

厦门成为五口通商口岸之一，西风终于强烈地刮进厦门岛。首先，是刮到厦门城区的思明。从洋枪洋炮开始，洋教、洋关、洋行、洋货，而后，领事馆、租借地，食髓知味，由肉入骨，步步进逼。

西方列强各国商人纷纷在厦门设立洋行，逐渐操纵了厦门的商业、航运和金融。许多商人又成为领事，在帝国主义的庇护下大肆掠卖华工，走私鸦片，为非作歹。

德记洋行的老板英商德滴，以贩卖华工臭名昭著。在他银行的隔壁设立一所监牢专门圈禁绑架和诱骗来的苦力，等候适当的船只把他们当“猪仔”运送到南美去。当厦门人民对其恶行进行反抗时，他们对厦门人民进行大规模的屠杀，造成28人的伤亡。他在厦门10年，掠卖数以万计的华工，却身兼西班牙、荷兰、葡萄牙三国领事或副领事。

1860年（咸丰十年）《北京条约》签订后，中国的海关大权就落到外国人手中。1862年，英国人华德成为厦门海关首任税务司。洋关设立以后，原来的闽海关改称“常关”或“旧关”，仅负责管理本国的民船贸易，征收国内贸易税，所有对外贸易所收税款全部归洋关。

他们规定：“白石头与南太武对径的海域，即为厦门口。进入厦门口的船舶，可在厦门港至新填地（即海后滩）沿海岸线靠泊，起卸货物。商船至进入厦门口界限时刻起，两天内将船牌（即轮船的注册牌照）和进货单呈交该国驻厦领事，如果该国无领事，就直接向海关申报。外国领事直接检查其国籍的商船入口和负责报关手续。外籍商船入口时，船长应将放在船长邮箱内的船牌及起卸客货的人数、载单，送交其所属领事馆。领事馆派员下船检查，书面通知海关后，商船便在海关办理缴纳税费等项手续。将出港时，方向领事索回船牌。”① 中国人根本毫无权利。

直到新中国成立，整整88年，厦门海关长期控制在外国人手中。厦门人称之为“番关”。外国商人任意走私漏税，海关却加以包庇；而对中国商人则极其苛刻，动辄处罚巨额罚款。

鼓浪屿更成了万国租界，由外国人来管理一切。为了加强对鼓浪屿的统治，帝国主义先后在这里设立了领事团、领事工堂、

①厦门港史志编纂委员会：《厦门港史》，人民交通出版社，1993年，第100页。

工部局、洋人纳税者会等机构。

领事团设主席一名，初期由各国领事驻厦时间最长者担任，后来这一席位被德国和法国的领事长期占据。英国为取得这一职位采用将领事升级为总领事的办法，攫取主席一职。日本人为获得这一职位，与英国进行了长期的角逐。

领事工堂，则是帝国主义获取领事裁判权的具体表现，所有鼓浪屿的事务由领事工堂做最后的裁决。

工部局作为万国租界的管理机构设立于 1903 年 1 月，5 月正式行使权力。为了加强统治，工部局的组织不断扩大，人数也不断增加，巡捕由 11 人增加到将近 30 人。内部组织分为内勤和外勤，并分设财政、建设和卫生三部。直到民国以后，工部局才增加了一位华人董事的名额。

鼓浪屿工部局界碑（藏于厦门博物馆）

洋人纳税者会的前身是侵略者于 1878 年擅自组织的鼓浪屿道路墓地基金委员会。协会成员拥有选举权。日本领事馆更在其地下室设立监狱，关押反帝和革命的志士。鼓浪屿成了国中之国，严重损害了中国主权。

我们必须把帝国主义侵略者和西方国家的人民区分开来；把西方先进的工业文明和西方侵略者掠夺、强权、傲慢区分开来。西方来到鼓浪屿的许多普通百姓，对中国人民、厦门人民深怀情感，彼此结下了深厚的友谊，也使我们学到了许多西方先进的文化。我们永远都不能忘记。

但是帝国主义对我们的侵略，施加于我们的屈辱，我们也永远不能忘记。

那些在反抗帝国主义的侵略、压迫、剥削的斗争中冲锋陷阵、英勇牺牲，做出卓越贡献的英雄，更是我们永远的榜样。

光荣与屈辱的历史，思明永远不能忘记。

鼓浪屿日本领事馆

第二节　海风吹醒思明

当然，正是帝国主义列强的侵略，唤醒了东方雄狮，使我们明白，必须奋起，必须开放，必须学习西方先进的工业文明，必须走向海洋。而厦门，尤其是厦门的思明，思明的鼓浪屿，是最早被侵略的地方，也是最早觉醒的地方之一。

中国人民在面对西方侵略的觉醒是曲折而痛苦的。一开始总以为是技不如人，所以有许多洋务运动，教育救国，实业救国；后来知道是制度不如人，于是学西方的共和、君主立宪、民主建国，最后学了苏俄的社会主义，又结合中国的实际，才创造了中国特色的社会主义制度和道路。

一百多年来的历史证明，第三世界国家的独立，首先必须是政治独立，而后要有经济独立，最后还要有文化独立，才可能使自己真正独立于世界之林。

厦门人民最早参与了这个历史的探索进程。在鸦片战争之后，首先出现了许多实业救国的实业家。他们主要来自闽南那些走向海洋、经营海上交通贸易的商人们。

但是帝国主义的经济侵略，特别是英国的鸦片和经济的入侵，完全摧毁了他们的希望。

鸦片战争之前，英国侵略者就屡次对厦门进行骚扰，造成人心惶惶，许多商号不断倒闭，失业的水手、店员流离失所。英军攻占厦门以后，当地居民惨遭蹂躏，逃奔异地。后来英军虽然从厦门撤退，但仍然有四五百名英军占据着鼓浪屿，一直到1845年才离开。出逃的商人不敢全部回到厦门，陆续回来的却发现家室一空，资财罄尽。买卖的商店倒闭，因居民减少购买力下降，也无法再开张；载货船舶已损毁，但也不敢投资修复，因为看不到商机，完全没有保本盈利的把握。厦门的行商以前多达数十家，鸦片战争以后十仅存一二。航海到厦门贸易的外省商人，因为英船游弋在厦港附近，都不敢贸然进入。

而外国人的商船，特别是英商船，每年在厦门港却不断增加。英商进口的货物多半是呢羽棉布之类的洋货，他们不仅占领了厦门本地市场，而且冲垮了沿海航运业。

历来厦门的商人是把本省的货物由海道载运至宁波、上海、天津、营口以及台北、鹿港一带销售，再把在宁波等处贩买的江浙棉布及各种货物载回厦门售卖。其他各省来到厦门的商船也同样是如此辗转贩运。至于外国进口的呢羽、哔叽及一些贵重的物品，则是由广郊商船载运到广东销售。可是英国人到厦门开埠后，所有进口的货物皆由他们自己来转运，厦门港口再也没有广东的商船和北部来的商船。特别是英国进口的洋布、洋棉冲击厦门口岸市场，因其价廉物美，民间多购买洋布，市场都被洋货所占领。内地商贩原来转运到厦门的各种棉布、土布全部成为滞销品。

1845 年洋人火船作为货船在中国出现，它的逆风而行，破浪快速，很快就夺走了原来闽南民间船头行的业务。闽南的糖、茶等土特产，也主要靠外国的商船来运载。同安的梭船再好，一百多年过去了，洋人的蒸汽轮船来了，你还停留在一百多年前的梭船，不思进取，不睁眼看世界，你能成为人家的对手吗？

这样，从商品到船舶，思明原来赖以开展海上丝绸之路的支柱就垮了，闽南的海上丝绸之路也垮了。闽南的海洋历史文化在这里跌到了谷底，面临一个痛苦的转折！

这一段闽南海洋文化的历史对于今天的我们，仍然有深刻的启示和历史教训：商品不如人，船舶不如人，必将失去海上丝绸之路的主导权。回顾我们改革开放以后的崛起，关键的一条不正是我们的工业制成品，行当齐全、日新月异、价廉物美吗？

当然，如果当年帝国主义真的只是靠先进的技术、先进的产品，那我们也服了。可恶的是他们首先是用毒品来掠夺我们。前面已经说到，早在鸦片战争之前，厦门附近的洋面经常游弋着多艘外国鸦片走私船，他们就采用走私的手段，把鸦片向闽南民间渗透，因而受到了陈化成领兵搜查。

鸦片战争之后，虽说有驻厦领事进行管辖和监督，但是他们睁一只眼闭一只眼，英国走私鸦片的船从来就没有停止过向厦门附近的地区进行鸦片走私。1847 年英国两艘鸦片走私船“加罗林”号和“欧米伽”号停泊在金门湾，被海盗袭击，结果“加罗林”号被劫掠 60 箱鸦片和 35,000 元现款，“欧米伽”号被劫掠 58 箱鸦片和 30,000 元现款。《中国关税沿革史》甚至认为，其时，厦门以及厦门附近的泉州、浯屿和金门，可能是全国鸦片储存最多的地方。英国驻厦门领事雷顿（Leyton）曾说，厦门商人每年用于购买鸦片的钱高达 25 万英镑之多。

咸丰八年（1858 年）清政府为了应对太平军起义，对鸦片进行征税。这样，鸦片贸易在厦门就成为合法贸易。

咸丰十一年（1861 年）总税务司赫德的清单中写道，厦门进口的鸦片，每年 2,200 箱，应缴纳鸦片税银 10 万两。以后又逐年递增，到光绪十四年（1888 年）进口厦门的鸦片竟达到 6,873 箱。中国人民的血汗也不知有多少，就从厦门这个口岸流入到英国鸦片毒品商的手里。这是厦门海洋历史文化可悲可痛的一页！

当然，无论什么样的挫折，无论什么样的艰难，闽南人走向海洋的决心、信心、勇气永远都没有低谷。货不如人，船不如人，但我们的人，绝不会输你们。他们于是呼朋唤友，携家带口过番——下南洋。

第三节　过 番

根据权威机构的统计，20 世纪 30 年代东南亚华侨在世界华侨总人口中占79.2%，40年代高达96.1%。而东南亚华侨中菲律宾华侨85%以上是闽南人，印度尼西亚华侨中的46.6%、马来西亚华侨中的31.6%是闽南人，新加坡多至59.6%，缅甸华侨中的25.9%是闽南人。

闽南人过番并不是自鸦片战争开始。早在宋代就有许多闽南海商"留番""住番"在东南亚一带。沈括《梦溪笔谈》记载，宋真宗景德元年（1004年），安南（今越南）大乱，久无酋长，1009年国人共立闽人李公蕴为主。这位李公蕴即闽南泉州安海人，年轻时随哥哥李山平到安南经商，后来就定居安南，成了安南王，传了八世二百余年。

还有一位晋江人陈日照，后改姓谢，被安南国相招为女婿，在南宋端平三年（1236年）也当了安南王。

总之，宋代由于中国文化的先进，中国人和中国货都受到南洋各国的欢迎和信任。但当时闽南的社会经济比南洋各国要先进，迁居南洋的主要是少数商人，而且大多都又回到故乡。

宋末元初，反抗元朝统治失败的宋朝官兵臣民大批逃亡南洋，其中有相当数量是闽南人。元初曾派兵攻打爪哇、占城。从泉州出发的2万多士兵和1万多的水手中，相当一部分是闽南人。途中突遇狂风停泊在勾栏山（今加里曼丹南部的岛屿），政治地位最低下的闽南士兵和水手纷纷逃走，与当地土人"丛杂而居之"，和当地妇女结婚，当地甚至还出现了中国村。

元代由于闽南人的社会地位低下，逃亡或迁居南洋的闽南人不在少数，但绝大多数都是底层的百姓，又零星、分散，最后基本上都被当地人同化了。

明初，为了反对朝廷的朝贡贸易，一些中国的走私贸易商人，占据三佛齐（今印度尼西亚苏门答腊的旧港），进而控制马来海峡，阻止西洋诸国与明朝的朝贡贸易。后来，郑和下西洋，除去为首者，挑选忠实于明朝的闽南商人施进卿为旧港宣慰使。

可见当时闽南私商在三佛齐已有相当的势力。

郑和下西洋，随行留在南洋的只有少数人。但是郑和和平地宣威，特别是和平地帮助马六甲王国解除了暹罗入侵的危机等，显示出的大国气度，使南洋诸国对中国，对来自中国的百姓友好相待。这为后来中国人下南洋奠定了良好的民心基础。

不过，明初，闽南人赴南洋的毕竟是少数。明厉行海禁后，大致从成化年间开始，生计无着的闽南人大批地下南洋。安南的主要港口会安，在明代出现了中国商人聚居的唐人街。街长三四里，两边中国商家，大都是闽南人。月港的大船也每年往来暹罗(泰国)，运回大米和大宗苏木、铅和其他货物。

闽南人的足迹遍及南洋各国，但比较集中的主要是菲律宾、印度尼西亚、马来亚、安南、缅甸、文莱等。其时，在南洋一带的闽南华侨数量已相当可观。闽南人又受儒学影响深重，有所谓“以农为本，用末守本”的观念。许多发大财的华侨，总要回故乡盖大厝，置田产，到了晚年，便思落叶归根。他们认为“用贫求富，农不如贾，积德累行，贾不如农”。因而晚年就应当“息贾归农，筑庐田间，锄云耕月，笠雨蓑风，酿禾而醉，饭稻而饱，春秋不知，荣枯不问”，过上陶渊明式的自在生活。这既反映出封建儒学对闽南人深刻的思想影响，也表现出早期闽南侨商，也是中国商人既早熟又不成熟的现象。

然而这些衣锦归乡的华侨对故乡后代及邻里的影响却是十分巨大的，人人心向往之。于是只要有机会，尤其是闽南一带有天灾人祸时，便三五成群，呼朋唤友，或投父兄、寻姑姨，或投邻里、寻故友，纷纷出洋。

明末清初，闽南战乱不已，加上清朝的海禁和“迁界”，导致家破人亡者不在少数。于是闽南人纷纷过台湾、下南洋，掀起了一次闽南文化播迁的高潮。现今马来西亚马六甲最古老的宫庙青云亭，就是在 17 世纪初，由漳州人郑芳扬和厦门人李为经为

马六甲青云亭开拓者李君常（为经）墓

首修建起来的。青云亭的首领被荷兰人任命为甲必丹，后来又被英国人任命为四大理，负责马六甲华人事务的治理。

就在明代闽南人开始大批下南洋不久，西方的荷兰、西班牙、葡萄牙等殖民者也驾驶他们的远航船队来到了南洋各国，并通过在这些地方建立的殖民地开展与中国的贸易。

他们很快发现中国的百姓勤劳能干，生产效率远远高于当地的土著。于是就大力招徕中国的劳工。印度尼西亚的荷兰东印度公司第一任总督彼得·昆提出“华侨是东印度的基石”。他认为：在印度尼西亚“除了华侨以外，别无其他民族能贡献出更多的力量”。他下令采取利诱、胁迫，甚至到中国沿海抢掠等多种手段招徕中国人。

菲律宾的西班牙人由于消费品完全依赖中国，又需要中国的工匠为他们建筑道路、桥梁、教堂和制造生活必需品，也极力鼓励华侨前往马尼拉贸易经商和移民劳动。西班牙人又害怕控制不了华人，于是指定一个地区为中国人集中居住区，叫八连。

但是，当华侨越来越多，并抵制殖民者的敲诈勒索越来越强烈时，殖民者就开始大肆屠杀华侨，并限制华侨入境。17 世纪初年，菲律宾的闽南华侨就有 3 万人之多。残酷的西班牙殖民者一次又一次地大规模屠杀菲律宾的华侨。据西班牙人统计，明万历三十一年（1603 年）马尼拉 3 万华人被杀 24,000；明崇祯十二年（1639 年）又被屠 2 万多人；1662 年的大屠杀，死难华侨约 4,000 人；1686 年也有几千人遇害；1762 年 12 月圣诞节，6 天之内，华侨被杀达 6,000 多人。

印度尼西亚的荷兰当局到 18 世纪也改变对华政策，驱赶华侨，甚至大肆屠杀。1740 年的“红溪惨案”，巴达维亚城中一万多名华侨，侥幸逃生的仅 150 人。

鸦片战争以后，闽南又掀起了过番下南洋的高潮。

当时欧洲禁止贩运黑奴，殖民地劳动力缺乏，于是由洋行出面，在中国开展“猪仔买卖”。

华工出洋分为两种，一种是自己出钱支付船票，到国外寻找工作，称为“自由移民”；另一种是向投机商赊取船票，答应若干年内在他们所去的地方听凭债主支配其劳力作为交换条件。这种人一般定有契约称为“契约华工”“苦力”或“猪仔”。当时英国洋行雇佣一些无赖、流氓为代理人，到内地以雇人种田为名，或花言巧语诱人出洋赚大钱为名诱骗华工，甚至还有一些设赌博陷阱，待你赌输欠款，无力偿还时，以掠人为质，强行将其带到洋行囚禁苦力的猪仔馆。据一位当时目睹厦门猪仔馆的洋人说，“那些苦力被关在奴隶囤集所一样的木栅里，10～12 人一间，里面肮脏不堪，只有卧身之地，棚顶极低，地面铺竹。他们总共有 500 人左右，几乎都是一丝不挂。这许多人被诱迫来到该城以后，就被囚禁起来，门外都有‘闲人免进’的英文招贴。这许多人似乎都不是自由人，得到机会便要逃跑”。[①]

当时，仅厦门的英国“德记”洋行一家，就拐骗闽南劳工上万名。

苦力被装运出洋的情景更加悲惨，几百个苦力个个被剥光衣服，胸前按照准备把他们送去的地方分别打上C（加利福尼亚），P（秘鲁）或者S（夏威夷群岛）。船主为了多赚钱，拼命把苦力往舱内塞，超载现象十分严重。每位苦力在船上只有一点点地方，无法躺着睡，只能屈膝坐着，而当时到目的地行程非常漫长，到古巴需要168天，到秘鲁要120天，而且大部分在炎热的赤道海域航行。因为舱内长期缺乏阳光，空气炎热窒息，食物恶劣，饮水稀少，大小便困难，无异地狱！疾病丛生，近一半人死于途中。电影《海囚》就是根据这一历史事实创作的。

“猪仔”运达后，须剥光衣服，实行拍卖，与牛马无异。有的被卖入庄园当奴隶，有的被卖到美国西部荒野修铁路，有的被卖到澳洲挖矿。据专家估计，“猪仔”和契约华工总数为300万人，有100万人死于非命，30万人病伤残疾。

猪仔船

许多人以为下南洋当“番客”就是飞黄腾达，其实闽南人的下南洋充满了腥风血雨。华侨的历史是一部血泪史。闽南人在向南洋的播迁中，充满了苦难和灾祸。但是，敢于拼搏、敢于犯难冒险的闽南人数百年前赴后继，终于在南洋开垦出富饶的家园，开拓出闽南文化又一块新

①坎贝尔：《中国的苦力移民》，《华工出国史料汇编》第4辑，第344至345页。

的天地。自明以后数百年间闽南人下南洋从未停息。现今闽南人口不过1,500万左右，而东南亚一带祖籍闽南的华侨华裔则有2,000万之多。

当然，从厦门港过番的大多数是“自由移民”。厦门当时是福建最大的华侨出洋中心。前往南洋的福建“自由移民”基本上都从厦门港上船出洋。他们从住在外国的亲戚朋友那里得到必要的帮助，先来到厦门港，再登船出国。当时在厦门有专做出洋客生意的移民客栈，分为去马尼拉和去新加坡的。前者负责接待往返中国和马尼拉及菲律宾其他城市的移民；后者接待往返中国和英国海峡殖民地和荷属东印度以及印度洋和大洋洲其他岛屿移民。

1875年从厦门港去东南亚各地的华侨有2万多人，1884年有5.5万多人，1894年、1895年分别都达到了10万人。最多的是到海峡殖民地，即马来亚的马六甲、新加坡、槟城。其次是马尼拉。

出去的人主要由中下阶层组成，大约有2/3是普通的劳力。在从厦门出去的总人数中，妇女据说占了5%，是和丈夫一起出去的。小孩的数量很少，因为当时规定孩子不能出国，除非是随同父母亲一起出去的。

即使是这些“自由移民”的华侨，他们的过番也是充满了坎坷和艰辛。闽南民间漳泉各地都流传着大同小异的《过番歌》，唱不尽华侨华人过番的心酸与悲怆。

由于西方殖民者占据东南亚各国，对华侨采取歧视迫害的政策。这就造成华侨内聚力更为增强，东南亚华侨社会迅速发展。华侨在侨居国相对集中居住，并成立各种各样的华侨社团，开办华文学校和华文报纸，俨然成了侨居国的大社会中一处处中国形态的小社会。

在这样的背景下，闽南人从家乡带到南洋的闽南文化，从方言到民俗、从民间戏曲到衣食住行等等，无不得到完整的留存。如南乐，在菲律宾、印度尼西亚、新加坡、文莱至今都还有许多活跃的社团，彼此之间相互往来唱和。20世纪80年代以后，每隔两三年便联袂回中国来拜馆，参加泉州或厦门的南乐大会唱。

在南洋许多华人聚居的城市，如马来亚的马六甲、槟城、新加坡，菲律宾马尼拉的王彬街，印度尼西亚的泗水等等，街道招牌是各种字体的汉字，满街通行的是闽南话，店铺老板员工多是闽南人，各种闽南的神仙庙宇随处可见，甚至还有闽南的歌仔戏、高甲戏在庙宇前面演出，各种岁时节庆无不遵照闽南民俗。

在南洋华侨社会中，闽南人由于人多，拥有财力、智力方面的优势，能量较大，产生了许多华侨领袖。他们又成立了许多地缘组织，如福建商会、晋江同乡会、同安会馆；还成立了许多血缘组织，如陈氏宗亲会、江夏堂（黄姓）、钱江联合会（施姓）、旅菲陇西堂（李姓）等等。这些社团组织无形中成为华侨传承中华传统文化、闽南文化的阵地。在这些组织中，人们都要用家乡的方言交流，共同供奉家乡的神明和共同的祖先，每逢闽南的岁时节庆，就聚集一堂，或演奏南乐，或吟唱歌仔，或交流家乡的信息。这些社团还经常组织团队回家乡参观访问，邀请家乡的戏班或南乐社到南洋演出，成为南洋和闽南之间文化交流的桥梁，并将闽南文化不断地传播到南洋。

在数百年持续不断的传播中，闽南文化深刻地影响了南洋文化，同时也受到了南洋文化和西方文化长期深刻的影响。更多的华侨华人并没有“落叶归根”回到原乡故土，而是就在那儿落地生根、开枝散叶。不同族群、不同文化的共同生活教育了他们，使他们拥有一种朴素的文化自觉，坚持自己，又欣赏别人，吸收他者文化的营养，美美与共，不但使自己更加适应新的环境，也创造出如峇峇娘惹这种跨民族、跨血缘、跨国度的命运共同体文化。他们把这种朴素的文化自觉理念，又带回了故乡，创造出嘉

马六甲同安金厦会馆

庚建筑、沙茶面等新的闽南文化。那些归来定居在厦门鼓浪屿的华侨，聪明地吸纳来自欧美各国的许多优秀的文化，产生了卢戆章、马约翰、林巧稚、周淑安等杰出人才，引领了闽南文化在近代的现代化转型。

过番下南洋，让无数闽南人打开了睁眼看世界的目光和胸襟。无论是走出去的看和学，还是走回来的说和做；无论是海滨富裕的闽南人，还是穷困山村的闽南人，都知道了海的尽头还有广阔的世界，天外有天。于是闽南人的眼界更高了，胸怀更宽了，智慧增长了，理念也不断地更新，走向海洋的决心和信心更加坚定不移。随着 20 世纪的来临，随着华侨的关注，随着华侨的归来，随着华侨对闽南、对厦门的影响力越来越大，闽南人民开始推动闽南文化一步步攀上高峰。

第五章　又见思明

清宣统三年，1911 年 9 月 23 日，厦门同盟会会员开会决定发动起义。第二天，厦门同盟会组织照会各国驻厦门领事和厦门海关税务司、邮政司，通告即将发动起义，光复厦门。下午 3 时左右，厦门同盟会在寮仔后天仙茶馆集合，推举张海珊为司令、谢成为副司令，组织了 1,700 多人的起义队伍。每人在胳膊上系上写有“革命军”字样的白布条，兵分两路，从厦门城的西门和南门直取今天位于市公安局大楼的水师提督衙门。清朝的官员早已闻风而逃，躲的躲，藏的藏。起义军兵不血刃顺利占领了提督衙门、兴泉永道台及岛上的军事要地，正式宣告厦门光复。

厦门光复，思明也就光复了。第二年，厦门从同安县的一个里正式成为思明县。

事实上，清治时期厦门虽然说是同安的一个里，但厦门的行政事务是由康熙二十五年（1686 年）移入厦门的泉州海防同知管理的。

清朝被推翻以后，不再设海防同知，成立民政厅，就在原海防同知衙署办公，管理岛内的政务。思明县成立后，县政府也就设在这里。

那是一个城头变幻大王旗的混乱时代，不到 5 个月，思明县又变成了思明府。再过半年，1913 年 3 月思明府又被取消，恢复思明县。

思明县管辖厦门 20 多年，直到 1935 年厦门市正式成立。但思明这个名字，从此和厦门结下不解之缘。

思明在风起云涌的辛亥革命斗争中重生，可以说，恢复的不仅仅是一个城市的名字，更是郑成功放眼世界、走向大海的胸怀和眼光。在世纪之交短短的几十年时间里，思明八面来风、四海来归，凝聚了闽南最优秀的人物，迅速建设成为一个现代城市，引领了闽南文化的近代转型与发展。

第一节　思明与华侨

孙中山先生曾说过，“华侨是革命之母”。闽南的华侨为中国革命的胜利做出了巨大的贡献和牺牲。他们也为厦门的建设做出了巨大的贡献。

1895 年甲午战争，腐败的清政府输掉了战争，把台湾割让给了日本。台湾人民的反割台斗争，又被清政府生生地压了下去。台湾许多富裕的士绅抛弃财产毅然回归祖国，大多都住在了厦门。其中最著名的就是板桥林家和雾峰林家。而留在台湾的底层百姓，以不屈不挠的精神和日本殖民者展开了长期的武力和非武力反抗。武力反抗的失败者，带着精神和肉体的伤痕逃回到祖国，首先就是在厦门登岸，最著名的就是雾峰林家。更多的非武力反抗者把他们的孩子送到厦门来读书，读中国的语言和文字。

厦门人民对日寇的残暴，对台湾人民的英勇和悲愤，无不感同身受。甲午战争的失败震撼了所有中国人的心，面临国家将被瓜分、民族临近灭亡的空前危机，在南洋累积了资本、开阔了眼界回到厦门的闽南华侨，和厦门人民一起，再次举起了学习西方工业文明的实业救国大旗。他们首先推动的就是走向海洋的航运、商贸和民族工商业。

1900 年前后，海外华侨不断推动清政府批准在厦门成立海外招商轮船局或华侨轮船局，在外洋航线上同洋人的洋船竞争。可惜，尽管有个别官员思想开放，积极协同推动，但腐朽的晚清朝廷总是有那么多保守的力量掣肘阻挠。

直到辛亥革命后，华资经营的航运业才开始得到迅速的发展。特别是欧洲1914年爆发了第一次世界大战，许多在中国经营的外国轮船被征调到欧洲战场，减少了对中国轮船的竞争和压迫。这时华资经营的航运业，尤其是海外华侨经营的航运业更是迅猛发展。

在南洋航线上最早开设航运业的华资企业是宗记公司。它是由仰光华侨林振宗于1912年设立的，总号设在仰光，厦门、汕头设有支店。购置“双安”“双美”“双春”三艘2,000～3,000吨级的轮船，共计8,431吨，航行于厦门与仰光之间。世界大战期间又添购了“双喜”“双福”两艘轮船，总吨位已达万吨以上。

接着又有新加坡华侨林秉祥设立的和济公司，又名和丰公司，在新加坡称和源号，各有“丰城”“丰美”“丰义”“丰远”4艘2,000吨级的轮船，航行于厦门与槟城之间。

世界大战发生之后，海外华侨在厦门经营的远洋航运增长很快，1915年爪哇华侨黄仲涵、周炳喜等设立建源号，拥有两三千吨级的轮船6艘，航行于厦门、汕头、香港以及新加坡、泗水、三宝垄之间，成为华商在南洋群岛航线上拥有轮船最多的企业。1917年香港“谦德”号，自备一艘1,351吨的“裕英华”号轮船，航行于厦门至新加坡之间。还有香港刘维源的“亚洲”号，也航行于厦门和新加坡之间。

航行于国内沿海航线的轮船公司就更多了。拥有百吨以上轮船的轮船公司就有六七家；拥有百吨以下轮船的公司高达22家。他们近的到福州、福清、兴化、泉州、汕头，远的则航行到宁波、温州、上海。

资料显示，从1910～1921年这10年间，在厦门经营航运业的较大的华资公司，从1家增加到9家，拥有轮船从4艘增加到27艘，总吨位从695吨增加到33,716吨，总资本从10万元增加到 382.4 万元。可见这 10 年间华资怀着振兴祖国航运业的愿望，趁着世界大战爆发之机，推动了厦门航运业飞速的发展。

华侨更大力投资工商企业，为闽南为厦门的民族工商业做出了巨大的贡献。据《中共厦门地方史》（新民主主义革命时期）所提供的资料，从 1875 年到 1949 年，华侨投资在厦门开办的工商企业，共达 2,600 家，总资金额占全省华侨投资总额的 62.88%。厦门是福建华侨投资用于振兴实业最多、最集中的地区。华侨在厦门主要是兴办侨批业、进出口业、服务业、交通运输业、公用事业、轻工业、机械工业等。

《厦门工商业大观》记述，20 世纪 30 年代，厦门的工厂为 70 多家，其中纺织业 12 家，食品工业 21 家，公用事业 3 家，化学工业 16 家，铁器制造业 16 家，造船业 6 家，轻工业 2 家。比较著名的有大同陶化罐头食品有限公司、中华糖果饼干厂、吴记制造机器厂、华康烟厂，还有公共事业的厦门电灯公司、厦门电话公司、厦门自来水公司等等，都是华侨投资。

在商业方面，根据《江声报》的调查，1929 年厦门岛内有商店 6,000 多家。1931 年到 1933 年厦门十大最主要商业营业额，绸布业排名第一，杂货业和参茸业分别列第二、第三。商业最大的投资也是华侨。

辛亥革命进一步打开了中国的大门。闽南、厦门有更多的人在思明的码头登上了出洋的轮船，走向海洋，去看外面的世界；也有更多的华侨带着实业救国、教育救国的梦想，从海外归来，在思明的码头登上故乡的土地，回到厦门。华侨成为推动思明走向现代城市的重要力量。

第二节　思明，闽南文化近代转型的中心舞台

城市不是一天建成的，前人栽树，后人乘凉，厦门是在无数

先人心血栽培的树荫下，开始新一轮建设的。

厦门处于闽南厦漳泉小三角和闽南、台湾，以及东南亚闽南华侨华裔聚居地大三角的交汇地，明末清初以来，成为闽南人唐山过台湾、下南洋的主要出发港和回归地，成为闽南人、闽南文化的聚散中心。

甲午战争前后，晚清政府陆续颁布了一些鼓励投资的政策，同时招揽南洋富商回国投资兴办企业。这些政策进一步激发了海外华侨回国创业的热忱，回国华侨人数开始逐年增多。据统计：自 1870 年至 1930 年的 60 年间，平均每年从厦门口岸出入的华侨人数达 105,577 人次。由于当时闽南漳泉许多地方军阀割据、土匪猖獗，发生了许多华侨归乡被土匪、军阀绑票、勒索，甚至杀害的事情。同时，厦门毕竟交通便利，市场繁荣。出于安全和方便，这些归国华侨不少选择在鼓浪屿、厦门居住和创业。

黄家花园

从 19 世纪末到 20 世纪初，闽南的各路精英聚汇在厦门，开辟了闽南文化现代转型的中心舞台。鼓浪屿、厦门的外来文化，实际上更多是闽南华侨在南洋遭遇、碰撞、消化之后带回来的。鼓浪屿虽是万国租借地，但实际上外国人盖的房子屈指可数，鼓浪屿上95%的房子是华侨和台湾同胞建造的。鼓浪屿主要是闽南归侨和甲午割台后归来的台湾同胞建成的。其中杰出的代表人物，一位是黄奕住，他是泉州南安人，在印度尼西亚奋斗多年，成了印度尼西亚糖王。为了反抗荷兰人的敲诈勒索，拒绝加入荷籍，他变卖所有财产回国投资，开办了中南银行。黄奕住定居鼓浪屿，投资开发房地产，从1918年至1935年间，仅他一人就在鼓浪屿兴建了160座现代样式的房屋，其投入的资金金额和建造的房屋数量，岛内无人可比。

他的身上和陈嘉庚一样具有那个时代的中国人极其宝贵的民族文化自信。因为他们在和英国人、荷兰人的竞争中，没有落败反而占了上风。所以他们在强大的西方文化面前，保有自己民族的文化自信。另一方面，他们又非常了解西方文化的宝贵东西，黄奕住手下4个会计师，有2个是外国人，嘉庚先生甚至聘请了一个美国退役将军来当他的销售部主任。他们知道现代市场经济、财务会计、销售经营等等是西方人的专长。这实际上体现的就是文化自觉的“各美其美”和“美人之美”。

和嘉庚建筑一样，鼓浪屿华侨的房子，许多都是中西合璧，引进西方的建筑设计、材料、施工方法，高楼大厦、精致洋房，又糅进中华建筑、闽南建筑的传统基因。这不正体现了建筑主人美美与共的思想理念吗？虽然这只是生活直觉赋予他们的朴素的文化自觉，但这正是闽南文化在那个时期与时俱进的创造、创新，展现了闽南文化生生不息的生命力。

鼓浪屿另一位代表人物，是台湾板桥林家的林菽庄。他是漳州龙溪人，他所修建的菽庄花园、林氏府保留了更多中国园林、闽南建筑的因素。这是另一种美美与共，即闽南文化和中国其他区域文化的融合，菽庄花园成为独具一格的观海园林，直至今日依然吸引着如织的游人。

菽庄花园

厦门的中山路、大同路、开元路都是骑楼建筑，这也是他们从南洋引进的街市形态，同时又保留了许多闽南建筑的传统元素。嘉庚建筑的中西合璧更是美美与共的典范。

中华历史名街——中山路

在开发房产的同时，这些归国华侨也致力于厦门公共设施的建设。厦门和鼓浪屿都是海岛，四面皆海，居民饮用的淡水靠雨水、井水或水贩从海澄县九龙江等淡水区用船运来的“船仔水”，这样既不方便又不卫生。1921年，为解决厦门与鼓浪屿的用水问题，由黄奕住等人发起，募股筹资110万银元，兴建厦门自来水公司。1929年，鼓浪屿工部局商请厦门自来水公司在鼓浪屿设立供水公共设施。他们在鼓浪屿的日光岩和鸡冠山建高低水池两座，备3艘运水船，每天从厦门岛将滤清的水运往鼓浪屿，用电机抽送入池，以供鼓浪屿居民饮用。

以黄奕住和林尔嘉为首的厦门华侨还积极承办电话公司，改善厦门市内外通讯联系。厦门电话公司原称“厦门德律风公司”，是1907年12月由林尔嘉创办的，服务范围限于厦门岛。后来又有日本人德广创办的“川北电话公司”，服务范围是鼓浪屿。随着20世纪20年代厦门市政建设的兴起和发展，旧的电话公司已经适应不了新形势的需要。1919年，黄奕住回国后，先后买下了这两家电话公司，并增资扩容，着手铺设厦鼓海底电话电缆。1924年初，厦鼓间电话正式开通。

鼓浪屿与厦门关系到民生方面的许多公共设施，如中山公园、开元路、大同路、中山路、鼓浪屿市场、电影院、医院等，也多由黄、林所领导的厦门市政建设委员会领导规划并得到了华侨的捐款资助。

教育救国，为国家培养人才也是华侨投入最多的。最著名的当然是陈嘉庚先生。他所创办的集美学村、厦门大学名闻世界。他在建设学校的同时，和闽南的工匠共同创造了独具闽南文化特色的“嘉庚建筑”。“嘉庚建筑”融汇了西方建筑的优点，利用了西方现代的建筑材料和设备技术，同时又留存了闽南建筑特色。那些体现民族精神、地域色彩的屋脊燕尾、出砖入石的柱式立面等等，无不呈现出独一无二的风格，予人强烈的视觉冲击。“嘉庚建筑”追求的不只是一幢楼、一群楼的单体建筑之美，更是追求建筑与山、海、天的协调之美。厦门大学、集美学村都是依山面海，山清水秀。在这样的环境中，铺草植树，垒堰为池，桥引流水，亭映波光，楼群错落，绿树繁花掩映，山峦奇石衬托，充分体现了天人合一的中华精神。

龙舟池与集美中学道南楼

陈嘉庚先生不仅在厦门办学，在马来亚也捐建过多家学校。他通过兴学让更多的人来共享他的财富。正如他所说的，“教育乃立国之本，兴学乃国民天职”，他的义举不仅惠及家人和乡里，更通过兴学从教育培基上，提高国民素质，造福后人。这一切得益于陈嘉庚先生超前的眼光和恢宏的气量。

不止嘉庚先生一人，闽南的华侨回乡兴学办校，不可胜数。

1906 年 4 月，民国教育部承认的全国首批女子师范学校——厦门女子师范学校选址鼓浪屿升旗山下的白色洋楼开办。入学者皆鼓浪屿的名媛闺秀，现代妇产科泰斗林巧稚、女声乐家周淑安

嘉庚先生

等杰出人物皆出诸此校。1927 年，厦门女子师范学校经费困难，黄奕住接手承办，承担该校每年 15,000 多元经费，并将其改名为慈勤女子中学，还聘请林尔嘉的四子林崇智先生为学校校长。据厦门海关年度报告记载，从 1907 至 1911 年间，华侨在整个厦门新开设了小学堂 8 所，商业学堂 1 所。黄奕住等华侨及其侨眷还集资创办了鼓浪屿中山图书馆等文化场所。可以说，在近现代厦门教育的发展过程中，华侨是教育事业发展的主要动力。

闽南的海洋文化造就了许多海外创业有成的华侨。这些华侨，不管是否读书识字，他们无不深深地打有中华文化的烙印：爱国、爱乡、爱家，在他们事业有成之际，惠及家人，惠及乡里，惠及国家，这在华侨界中形成了传统。这种优良传统，正是中华文化，也是闽南文化的核心精神。

正是这些先贤所秉持的爱国爱乡精神和朴素的文化自觉理念，引领了闽南文化的现代转型，其中心舞台就在厦门城，就在鼓浪屿、集美学村、厦门大学。

这种坚守民族文化自信又善于美人之美的文化精神催生了鼓

嘉庚建筑代表作——厦门大学礼堂

浪屿第一位女指挥家周淑安、第一位现代体育导师马约翰、汉语拼音先行者卢戆章、名闻中西的文学家林语堂、中国著名的妇科医生林巧稚等等闽南文化、中华文化现代转型的杰出人物，展现了闽南文化在现代转型中无限的创造力。而这种创造力不是天上掉下来的，是他们走向海洋，放眼世界，认清形势，努力追赶工业化时代潮流获得的。可以说，是海洋启迪、教育了他们。

在厦门，各美其美、美人之美、美美与共不仅是书本上的理论，更是闽南先贤走向海洋、走向世界，用自己艰苦卓绝的实践传递给我们的理念。这是厦门，也是闽南最宝贵的非物质文化遗产，是闽南海洋历史文化的精髓。它必将成为21世纪实现中国梦的思想基石，成为全体厦门人民、闽南人民共同的文化理念。

结　语

历史研究是一切社会科学的基础。回顾思明与海的历史，从360多年前伟大的民族英雄郑成功将这个不朽的名字赋予厦门，思明、厦门就和海结下了不解的渊源。而且，思明州的设置、三港合一的港口建设、山海五路的海洋贸易、驱逐荷夷收复台湾的千秋功绩，奠定了思明与海难以企及的高起点。

施琅取消思明之名，但继承了郑成功走向海洋的遗愿，使厦门港成为开拓台湾、联结南洋的枢纽港，成为继泉州刺桐港、漳州月港之后第三个引领闽南走向海洋的港口。

可惜，360多年前诞生的思明生不逢时！其时，西方殖民者的利爪开始一步步深深地嵌入到南洋诸国，并伸向了中国。其间工业革命的浪潮风起云涌，而中国朝代更替的战乱、迁界和清王朝的闭关锁国、坐井观天注定了思明、厦门的悲剧。360多年来，思明见证了农业时代闽南海洋历史文化在西方工业文明和殖民者侵略掠夺面前的抗争奋斗、挣扎和衰亡。当然也见证了闽南人民从农业文明走向工业文明的艰难曲折和新中国成立70年来厦门港的重新崛起。

这段历史值得我们不断地回顾和品味，且不是闲暇无事发思古之幽情，而是为了走向明天。历史给予我们的经验、教训、启示、智慧，值得我们反复咀嚼，牢牢记取。

后 记

写完了《思明与海》，才发现自己仅仅是开始了对厦门文化、闽南文化、中华海洋文化最粗浅的思考。

据《福建日报》的报道，2020年我国申遗项目“古泉州（刺桐）史迹”正式更改为“泉州：宋元中国的世界海洋商贸中心”。这是我国对中华海洋文明的重新认识和定位。

《福建日报》在同一报道中提道：“中华文明拥有最为成熟的农耕文明，游牧文明被认为与农耕文明的相互冲突中融入了中华文明史，而对于海洋文明在中华文明中的重要地位和作用，人们却往往认识和重视不够。

“造成这个状况的原因是复杂的，究其根本是由于重义轻利的传统文化价值观念，抑制了对中国历史上丰富的海洋活动的记述和传播。中华浩如烟海、极为厚重的典籍文本遮掩了中华海洋文明的光芒，而今人学者囿于内陆农耕文化的视野和思维，对中国历史仍作陈陈相因的解读，使得充满逐利冒险传奇的海洋活动和以商业文明为内核的海洋文明的记述和传播，很少走进各类权威文本和国人思维，这对于在全世界范围内扩大中华文明多样性的认知和影响力是一个遗憾。”

这段话里，那一句“对中国历史仍作陈陈相因的解读”，真是振聋发聩！

除此而外，我认为还有一个重要的原因，是近代以来受黑格尔的影响，人们把海洋文明和西方文化画等号，以为海洋文明就是西方专属。以至于到了今日，还有不少人仍然认为中华文化就是农耕文化，将黑格尔的以大陆文化（黄色文明）和海洋文化（蓝色文明）来区分东方和西方文化奉为标准，并依此来审视和定义中华文明。

事实上，博大精深的中华文化是由中华农耕文化、游牧文化和海洋文化融汇而成的。诸多考古发现、典籍文献充分表明，中国海洋文明与中华文明一样历史悠久、不曾间断。只是中国面向海洋、开拓海洋、经略海洋的历史极为跌宕起伏。既有朝野上下同心同欲，海洋商贸活动风正帆满、富国裕民的宋元时期和明代的隆庆开海；也有封建王朝闭关锁国，与民间社会价值取向相逆，导致国弊民穷直至备受外族欺凌的可悲可叹。历史蕴含真知，我们应当牢牢记住历史的经验和教训，作为我们走向未来的宝贵借鉴。

海洋文明赋予了中华文明更加务本的品格、更加开阔的视野和更加恢宏的气度，不仅与当今以改革开放为核心的时代精神高度契合，而且能够为治国理政和应对国际竞争挑战提供重要启示。加强对中华海洋文明的研究，讲好中国海洋文明的故事，能够改变当今国际上中华海洋文明话语体系整体所处的弱势和边缘状态，有利于破除“欧洲文明中心论”，还原世界多元文明共同发展的本来面目。而闽南海洋历史文化的研究，正是中华海洋文明研究重要的一环。《思明与海》只是这方面研究的开始，我将继续努力学习和研究，希望能多少改变对中国历史、中华文明作“陈陈相因解读”的状况。

本书的图片多承欧阳淑顺和颜立水二位老师的支持，谨此致谢。

陈耕

2020年8月12日

图书在版编目（CIP）数据

思明与海 / 陈耕著；厦门市思明区文化馆，厦门市闽南文化研究会编. —厦门：鹭江出版社，2020.8
（思明记忆之厦门海洋历史文化丛书）
ISBN 978-7-5459-1556-3

Ⅰ.①思… Ⅱ.①陈… ②厦… ③厦… Ⅲ.①海洋—文化史—研究—厦门 Ⅳ.①P7-092

中国版本图书馆 CIP 数据核字(2020)第 134985 号

思明记忆之厦门海洋历史文化丛书
厦门市思明区文化馆
厦门市闽南文化研究会 编

SIMING YU HAI
思明与海
陈耕　著

出版发行：鹭江出版社
地　　址：厦门市湖明路 22 号　　**邮政编码**：361004
印　　刷：厦门集大印刷厂
地　　址：厦门市集美区环珠路 256－260 号 3 号厂房一至二楼　　**电话号码**：0592－6183035
开　　本：890mm×1240mm　1/32
插　　页：2
印　　张：4.875
字　　数：122 千字
版　　次：2020 年 8 月第 1 版　　2020 年 8 月第 1 次印刷
书　　号：ISBN 978-7-5459-1556-3
定　　价：45.00 元